JN139748

ジオリスクマネジメント

地質リスクマネジメントによる
建設工事の生産性向上とコスト縮減

C.R.I Clayton，英国土木学会 編

一般社団法人 全国地質調査業協会連合会 訳

古今書院

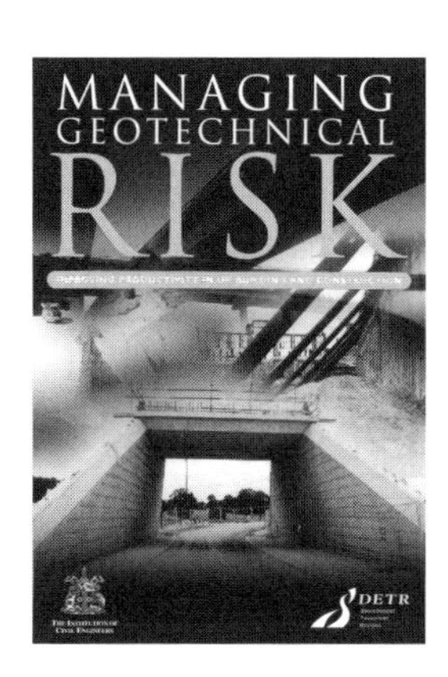

MANAGING GEOTECHNICAL RISK :

Improving Productivity in UK Building and Construction by C.R.I Clayton

Translation from English original, by arrangement with ICE Publishing
through Tuttle-Mori Agency, Inc., Tokyo

Kokon-Shoin Publisher, Tokyo, 2016

推薦のことば

本書は、英国サウザンプトン大学のC.R.I. Clayton教授による"Managing Geotechnical Risk - Improving Productivity in UK Building and Construction"の翻訳版である。同書は、英国環境運輸地域省から英国土木学会（Institution of Civil Engineers：ICE)に対して委託された共同技術研究プログラムの成果としてとりまとめられたもので、地質リスクマネジメントにおける発注者、設計者、および施工者の役割が明確に示されている。同書は、英国内外の実務者の間では地質リスクマネジメントに関する最も重要な解説書として知られており、2001年に出版されてから15年が経過してはいるが、現在でも、その内容は技術研修、講演、また論文の中でも多数引用されている。

本書は英国の建設工事における地質リスクマネジメントの現状とその手法を知るためだけでなく、日本の実務者が国内の業務を実施するにあたっても重要な内容を提供しており、参考にしていただけるものと考える。またさらに海外で建設工事プロジェクトを担当する場合、近年、プロジェクトに"Geotechnical Risk Management"の業務が含まれることがあるが、その内容を理解する上での基礎として活用していただけるものと思う。本書の巻末には英国のコンサルタント3社のリスク管理表の記入例が示されており、日本国内における同様の業務の実施においても参考になる。

本書は、公共工事や民間建設工事の発注者、地質調査コンサルタント、設計者、および施工者が地質リスクマネジメントの手法とその役割を理解する上で貴重な資料となり、安全安心な社会資本整備に寄与するであろう。

2016年11月1日

小笠原正継（地質リスク学会副会長）

渡邊　法美（地質リスク学会会長）

刊行にあたって

土木・建築工事の現場において、工事中に想定外の状況が出現しその対策のための工費が大幅に増えたうえに完成までの工期が延期されてしまったという事例は過去に頻繁にあった。その想定外の要因にはいろいろあるが、なかでも地形・地質・土質・地下水あるいは土壌汚染などに関するものが非常に多いという事実がある。特に日本の場合、地質構造の複雑さや地震・豪雨の多さなど世界でもっとも過酷な条件下にあり、工事に伴い事業費が増大してしまうリスクが大きいのが現状である。このようなリスクは地質リスクと呼ばれている。

一般社団法人全国地質調査業協会連合会では、2005（平成 17）年から地質リスクの重要性に着目し、事例調査をはじめとした研究活動を実施した。その成果の一部は「地質リスクマネジメント入門」（オーム社、2010 年）として公表している。一方、国土交通省においても地質リスクの検討が重要であるという理解のもとに、「建設コンサルタント業務等におけるプロポーザル方式及び総合評価落札方式の運用ガイドライン（2015 年 11 月 24 日改訂）」においてプロポーザルに適した業務の例として「地質リスク調査検討業務」がはじめて掲載された。地質リスクに関する国内の実務がようやく緒についたばかりというのが現状である。

一方、海外においてもこのような地質リスクは以前から問題視されてきた。なかでも英国においては、地盤に関連して工事中に発生するトラブルを防止しようとする取組みが英国土木学会の中で 2000 年頃から行われてきた。本書は、その研究成果報告書の翻訳版である。学会の報告書とは言っても研究書ではなく、実務経験者を中心にまとめられた実務テキストと考えてもよい内容である。

なお、本書のタイトルは、原題である Managing Geotechnical Risk を簡略化した『ジオリスクマネジメント』としている。実質的には、日本国内で使われている地質リスクマネジメントとほぼ同じと考えて問題はない。

本書の内容は、まず第 1 章で本書の意義や読み方が示され、第 2 章でジオリスクマネジメントの代表的な流れが建設段階と関係者の立場に基づいて図示されている。第 3 章では基本的な考え方が説明されている。日本と英国では調達の方法がやや異なるため多少分かりにくいかもしれないが、その重要性は十分ご理解いただけるであろう。また、第 4 章から第 6 章は、それぞれ発注者、設計者および施工者の役割が述べられている。さらに、付録では世界的なコンサルタントが実際に使っているリスク管理表や実例などについても紹介されている。これらも大いに参考になるはずである。

さて、日本においては上述したように、ようやく地質リスクマネジメントの必要性が認められ始めたと言える段階である。そのため、本書は官民の建設工事において地盤に関連したリスクの扱いに悩んできた関係者にとって極めて重要な示唆や方針を与えてくれるものと考えている。そして本書『ジオリスクマネジメント』は建設工事の生産性の向上やコスト縮減に直結する内容となっており、発注者のみならずすべての関係者に目を通して頂ければ幸甚である。

最後に、ご多忙の中、会議等でのさまざまな検討から翻訳作業等まで多くの時間を割いていただいた以下の皆様に深く感謝申し上げます。

［翻訳担当］

一般社団法人 全国地質調査業協会連合会　地質リスク WG

委員長　岩﨑　公俊（基礎地盤コンサルタンツ株式会社）

委員　梅本　和裕（国際航業株式会社）

委員　小田部雄二（株式会社アサノ大成基礎エンジニアリング）

委員　仲田　寛雄（株式会社東京ソイルリサーチ）

委員　長瀬　雅美（応用地質株式会社）

委員　西柳　良平（株式会社建設技術研究所）

委員　黛　　廣志（川崎地質株式会社）

委員　向井　雅史（復建調査設計株式会社）

委員　渡辺　　寛（株式会社日さく）

［協 力］

地質リスク学会

会　長　渡邊　法美（高知工科大学　教授）

副会長　小笠原正継（国立研究開発法人産業技術総合研究所
地盤情報研究部門　客員研究員）

2016（平成 28）年 11 月

一般社団法人全国地質調査業協会連合会

会　長　成田　賢

目　次

謝　辞

本書の準備にあたって、技術パートナーにおける英国政府環境・運輸・地域省ならびに以下の業界支援者による基金援助を受けた。

Balfour Beatty plc
BAA plc
Mott MacDonald
Ove Arup & Partners International
Laing Ltd
Bovis Lend Lease Europe
London Underground Ltd
Thames Water Utilities Ltd
Brown & Root
Severn Trent plc
Tesco plc
Anglian Water Service Ltd
AMEC Capital Projects, Construction Division
Department of the Environment, Transport and the Regions
The Institution of Civil Engineers

本書の執筆は、英国土木学会のために、C. R. I. Clayton 教授（Southampton 大学土木環境工学部）により行われた。その管理は、プロジェクトディレクター Mr Niel Trenter と、AMEC Capital Projects 建設部門の Mr Kay Johnson が座長を務める Project Management and Steering Group により行われた。そして、以下の方々からなる Steering Group の支援や助言を頂いた。

Mr K.A. L.Johnson (座長)	AMEC Capital Projects, Construction Division
Mr P. Bailey	hames Water Utilities Ltd
Mr J. K. Banyard	Severn Trent Pic
Mr T Barke	Beazer Homes Ltd
Professor C. R. I. Clayton	University of Southampton
Mr M. Culshaw	British Geological Survey
Mr R. M. C. Driscoll	Building Research Establishment (part time)
Mr K.W. Evans	Bovis Lend Lease Europe

Mr M.J.Gellatley	London Underground Ltd
Mr C. Gjertsen	BRE Garston
Mr W.J. Grose	Ove Arup & Partners International
Mr C.A. Hughes	Laing Ltd (part time)
Mr A. Jackson-Robbins	Davis Langdon Consultancy on behalf of the DETR
Mr Q. Leiper	Carillion Engineering Services
Mr D. Lyon	Anglian Water Services Ltd
Mr W Rankin	Mott MacDonald
Mr N. M. Sandilands	Scottish and Southern Energy
Mr P.Thompson	Slough Estates plc
Mr N. A.Trenter	N. A.Trenter Geotechnics Ltd
Mr B.Wareham	Brown & Root
I. LWhyte Eur Ing	UMIST
Mr P. E.Wilson	Highways Agency
Mr G. E .Wren	Stent Foundations Ltd

本プロジェクトに貴重な情報を提供しセミナー開催にご協力して頂いた以下の方々に感謝申し上げる。

Mr C. Mounsey	Association of British Insurers
Mr J. Navaratnam	English Partnerships
Mr J.T. Askew	The Chartered Institute of Building, North East Branch
Ms L. Marwood	The Institution of Civil Engineers
Mr C. Ford	The Institution of Civil Engineers, Southern Association
Mr J. Mosforth	Midlands Geotechnical Society
Mr K.W. Norbury	North West Association Geotechnical Group
Mr C . H.Adam	Scottish Geotechnical Group
Mr A. Binns	Yorkshire Geotechnical Group
Mr C. Gjertsen	Building Research Establishment

付録Aは、Mr K.A. L.Johnson (Amec Capital Projects) の助力に基づいている。リスク管理表の資料は、Mr R. Edwards (Amec Construction),　Mr K.W. Evans (Bovis Lend Lease Ltd) および Mr W.J. Grose (Ove Arup and Partners) により作成された。また、付録BとCは、Dr J. P. van der Berg（Jones and Wageners Consulting Engineers, 南アフリカ）による本プロジェクトのために準備された研究報告書に基づいている。

用語説明

解析　**analysis**

設計を構成要素にブレークダウンし、その各要素の挙動を計算するプロセス

発注者／事業主　**client**

新規の土木・建築工事に投資するために建設専門業のサービスを使う組織あるいは個人

概略設計　**conceptual design**

詳細な解析は行わず、可能な設計バリエーションの範囲に対して長所と短所を定性的に評価することによる適切な設計解決策の特定

結果（影響）　**consequence (effect)**

事象発生の結果（影響）

多重防御　**defence in depth**

重大な崩壊メカニズムを発現させないための「切梁と腹起し」のアプローチ

リスクの程度　**degree of risk**

事象の発生確率や機会とその結果の組み合わせ（通常は、数量的に発生可能性×影響として扱う）

机上調査　**desk study**

地盤状況や土地利用履歴を解明するための、地質図、既往ボーリング記録および航空写真のような現場に関する既存情報の調査

影響（結果）　**effect (consequence)**

事象の発生の結果

工学設計　**engineering design**

最大の経済性と効率性を考慮しつつあらかじめ指定された機能を成し遂げるために、構造物、建設機械やシステムを決定する場合において科学的原則、技術情報および構想力を使用すること

工学的判断　**engineering judgement**

狭い技術的な詳細部分から広い計画の概念までに対する解決策の妥当性の判断

ジオアドバイザー　**geotechnical adviser**

資格と経験を有する地盤工学技術者あるいは地質技術者

ジオリスク　**geotechnical risk**

現場における地盤や地下水条件によって建設にさらされたリスク

地質調査　**ground investigation**

土木・建築現場において地質、地盤およびその他の関連情報を得るプロセス

地盤モデル　**ground model**

現場の地質と地形に基づく概念モデルで、地盤および地下水の条件とそのばらつきを予測するのに用いる

ハザード　**hazard**

結果をもたらす可能性のあるものや動き

発生可能性　**likelifood**

イベントが発生する確率

対策（ミティゲーション）　**mitigation**

特定のイベントの望ましくない影響の緩和

パートナリング　**partnaring**

合意された相互の目標を介してパフォーマンスを向上させるために協働する 2 つ以上の組織

前例　**perecedent practice**

将来の設計の基礎として成功した既存の設計解決策の使用

プロジェクトマネージャー　**project manager**

　プロジェクトの管理に責任を持つ個人または組織

残余リスク　**residual risk**

　リスク処理を行った後に残るリスク

リスク分析　**risk analysis**

　リスクの発生源を特定し、また各リスクの大きさを推定するための情報の体系的使用

リスクマネジメント　**risk management**

　リスクに対処する方針、プロセスおよび実践の包括的な適用

リスクモデリング　**risk modering**

　不確実性の影響を推定する計算

リスク格付　**risk rating**

　特定のイベントによって提示されるリスクの大きさの分類

リスク管理表　**risk register**

　リスク情報が収められるファイルで、通常、リスクの記述、その可能性や結果の評価、対応アクションと保有者を含む

現場調査　**site investigation**

　土木・建築現場に対して地質学・地盤工学およびその他関連情報を得るプロセス

リスク要因（ハザード）　**source of risk (hazard)**

　結果をもたらす可能性のあるものや動き

システマティック・エンジニアリング　**systematic engineering**

　設計ならびにその確認のための事前に定められた段階的アプローチ

設計　**design**

　発注者のニーズを正確に見極め、最適なソリューションが見出され、創造性が最大化されること

踏査　**walkover survey**

　地盤条件や土地利用に関するさらなる情報を収集することを目的とした建設工事現場の観察的な調査で、机上調査の後で実施される

第1章
はじめに

トンネルの岩盤判定

1.1 本書の目的

土木・建築の事例によると、地盤状況は非常に大きなコストや工期遅延を引き起こす原因となることがよくある。ジオリスクは、建設に関わる発注者・設計者・施工者を含むすべての人々に影響を与える。本書は、そのようなリスクが発生する理由を説明している。そして、ジオリスクに対して土木・建築工事を確実に達成できるように管理するためのベストプラクティスについて述べている。

英国政府の建設タスクフォース[1)]は、一般的な建設政策を策定するために必要となる変革のための5つの主要素を以下のように設定した。

> タスクフォースは、これまで英国の建設事業について、改善する仕組みを導入していないことを指摘したい。すなわち、我々は業界や政府に対し国民と共に既存の仕組みを抜本的に見直すことを要求している。
>
> 我々は建設業界のための政策を設定する変化の5つの主要素を決定した。
>
> - 熱心なリーダーシップ
> - 顧客へのフォーカス
> - 統合されたプロセスとチーム
> - 品質向上施策
> - 国民への忠誠
>
> (Rethinking Construction, 1999[1)])

これらの主要素は、あらゆる建設プロセスのジオリスクマネジメントに関連している。

1.2 ジオリスクとは

ジオリスクとは、現場の地盤状況によって引き起こされる土木・建築工事に対するリスクである。地盤に関連したこの問題は、コスト、工期、利潤、安全衛生、品質ならびに適合性に対し不利益な方向に影響し、また環境破壊にもつながる。リスクは、一般的な用語としては以下のような意味に取られる。

● チャンスや危険、損失、傷害または他の悪影響の可能性
　あるいは、
● リスクを引き起こしている人や物

施工リスクには多くの定義がある。最も簡単なものは次のようである。「リスクは、発生確率とプロジェクトの目的達成にインパクトを与える有害事象である」。その他、ISO（国際標準機構）のリスクマネジメント用語に関する技術管理評議会ワーキンググループ[2)]による技術的定義を表-1に示す。

表-1　リスク用語

リスク要因（ハザード）	結果をもたらす可能性のある物や活動。
リスク	事象の発生確率とその結果の組合せ。
結果	事象のなりゆき。
リスク分析	リスク要因を特定しリスクを推定するための情報の体系的な使用。
リスク管理表	リスク情報が格納されるファイル。管理表には、通常、リスクの説明、その可能性と結果の評価、対応策、ならびに保有者が含まれる。
リスクマネジメント	リスクに対処する方針、プロセスおよび実施の全体的な適用。
対策	特定の事象の望ましくない影響の緩和。
残余リスク	リスク処理を行った後に残るリスク。

リスクマネジメント用語に関するISO/ TMBワーキンググループ[2)]の定義に基づく。

リスクは以下の組合せから生じる。

● ハザード：損害を与える可能性のある何か、例えば、事実（軟弱地盤、汚染された土地におけるヒ素など）、地形（傾斜、空洞など）、あるいは人（スキル不足な技術者など）
● 脆弱性：ハザードが好ましくない結果（作業員に対する作業プログラム、特定の部分の品質など）をもたらす可能性を決定する要因

例えば、一般的な地盤に関するものとして以下が挙げられる。

● 予期せぬ軟弱部が地盤中に存在したため建物基礎が崩壊する可能性
● 地盤中に設置されたコンクリートが地下水中の酸または硫酸塩によって侵される可能性
● 高速道路の切土のり面が予期せぬ高さの地下水位により供用中に崩壊する可能性
● 建築における深い掘削のための地下水位低下工法が、予期せぬ砂層や砂礫層の存在により機能しなくなる可能性
● 契約完了の工期が、土工における予期せぬ困難により遅延する可能性

地盤には多くの異なる種類のハザードがあり、それらによるリスクの管理に失敗すれば深刻な状況となることがある。財務面からみると、軽微な対策

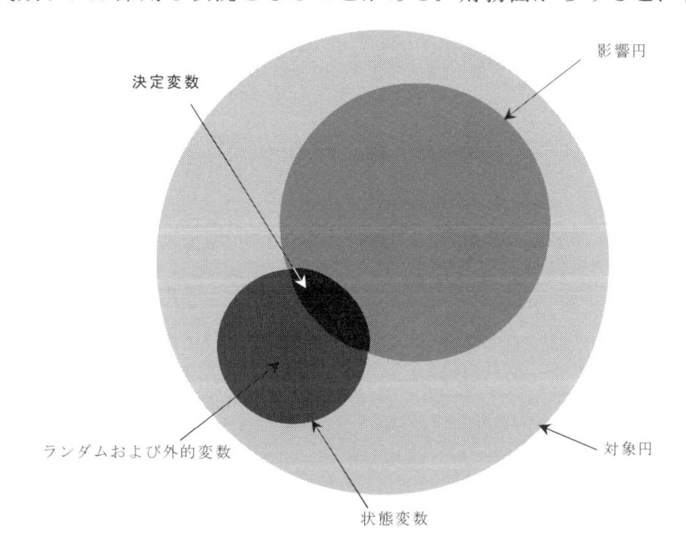

図-1　状態変数と決定変数

図中の対象円は施工に影響を与える地盤関連の事項である。状態変数は、対象円の内部で発生することをコントロールするものである。影響円内の状態変数と重複する範囲の要素のみコントロールできる。地盤を扱う場合、多くの状態変数（例えば、地形、地盤特性）は我々のコントロール外で固定される。唯一コントロールできる範囲は残された決定変数のみである。

設計で工事費が5%増加することがあるが、30～50%に増加することも珍しくない[3]。工事中に予期せぬ地盤状況に遭遇した場合、プロジェクト事業費の100%に相当するような追加費用が発生することもある。英国の事業における利益率の正常なレベルを考えると、そのようなコスト超過が回避されることが発注者と請負者の両方にとって不可欠である。また、安全衛生の重要性が、人的および財務的なコスト面で非常に大きくなる可能性がある。

なぜ建設工事において地盤に関連したリスクがこれほど大きく、そして事業に悪影響を与えるのであろうか？　それは、主として地盤の特殊な性質のためである。

- 土木・建築現場の地盤や地下水の特性および分布は現場固有のものであり、それゆえ（例えばコンクリートや鋼などのような建設材料と異なり）、多くは我々の制御の範囲外である（図-1）。
- 地盤と地下水の状況は、現場によって、また深さとともに大きく変化する（例えば、図-2参照）。これは、事前に特性を予測するうえで、

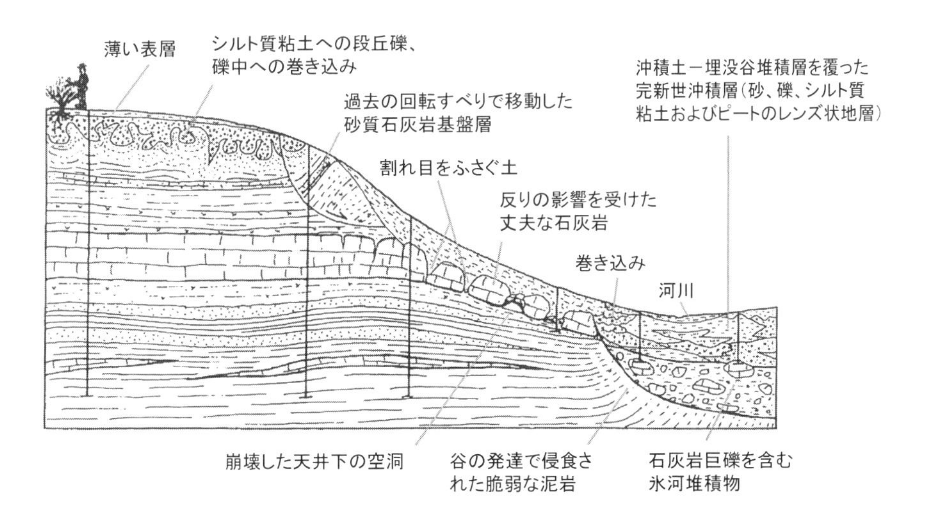

図-2　地盤の複雑さを示す例
Fookes, 1997[5] を一部改変.

(a) 技術者 A〜P による杭の載荷直後の挙動予測の比較

Wheeler,1999[6]を一部改変

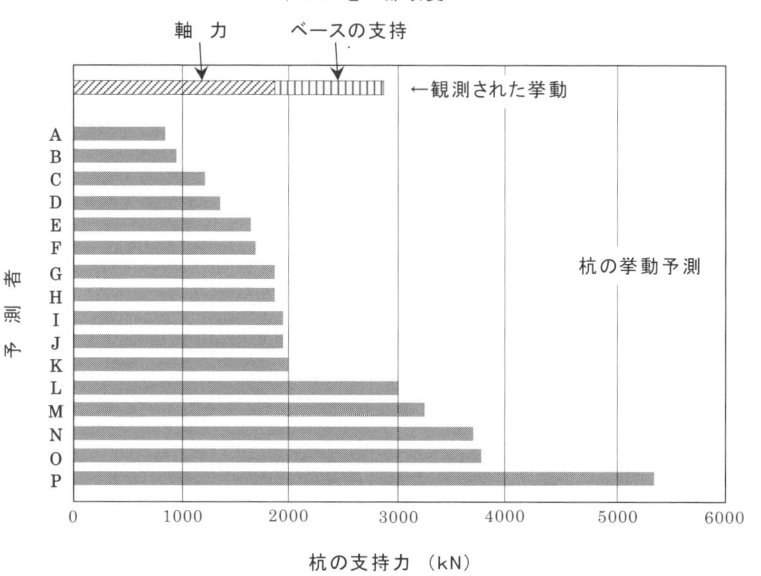

(b) 砂層上のフーティングの沈下の予測値と観測の比較〜約 5 倍の誤差が生じている

Burland and Burbidge,1985[7]を一部改変

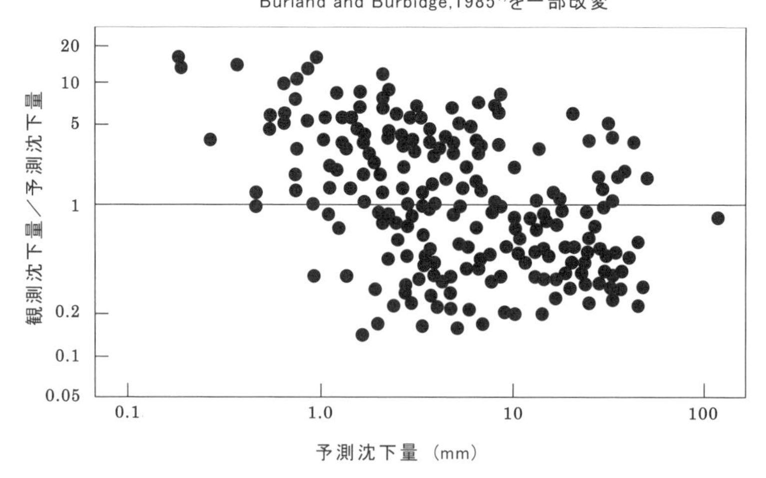

図 -3　地盤工学の計算精度の悪さを示す例

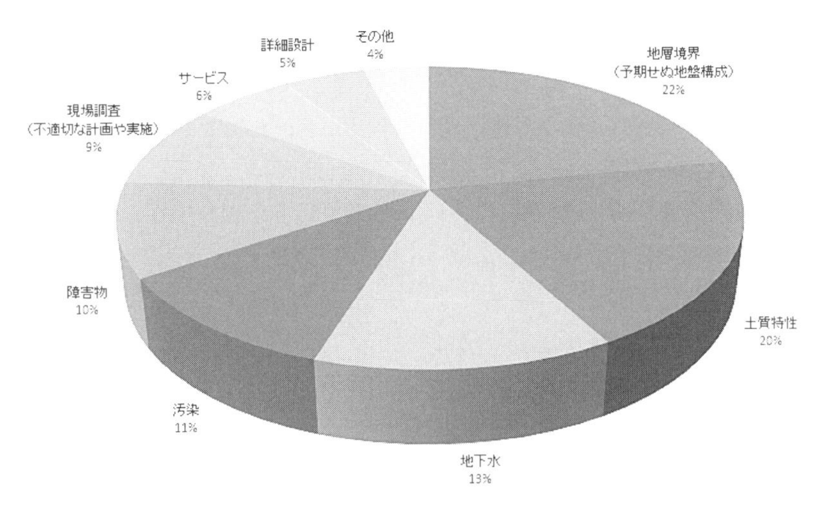

図-4　施工中に遭遇する地盤関連の問題

他の建設材料、例えば鉄、コンクリートなど人工物とは明らかに異なるため、地盤状況を予期できないことが一般的である。

- 構造物の基礎に関する工学（土と岩の力学）は現在よく発達しているが、多くの地盤関連の設計計算の精度は非常に悪い。図 -3 は、地盤工学の計算精度の悪さを示す例である。
- 地盤が施工上の問題を引き起こす場合に極めて多くの原因がある。例えば、コンクリートへの化学侵食、掘削部への地下水の流入、斜面崩壊ならびに基礎の大きな沈下などである。最近の調査結果によると、図 -4 に示すように、管理すべき広範囲の地盤工学的問題がある。
- 地盤の挙動は、さまざまな施工法にさまざまな点で影響を与える。
- 地盤の工事は、通常、プロジェクトの初期に行われる。この段階における問題は後続の施工を遅延させたり、影響を与えたりする。

ジオリスクは、技術、契約およびプロジェクト管理の 3 つの要素からなり、またそれらに影響を与えている。技術的なリスクは、例えば軟弱な地盤や汚染された土地など現場の特定の問題から生じる。発注者が適用する契約の条件は、契約上のリスクを決定する。プロジェクトマネジメントのリスクは、管理者や顧問が選択したプロジェクトを管理する方法によって決まる。「ジオリスク」以外にも、多くの形態の施工リスクがある。施工管理は、すべての施工リスクがトータルリスクマネジメントシステムの下で統合されるように、リスクに対するアプローチを統合することを試みるべきである。

1.3　どのような意味があるのか

上記の要素の意味は以下のとおりである。

設計・施工において、ある程度の不確実性が存在するのが普通である。

- 現場の地盤状況は通常変更できないため、現場内の問題箇所を避けるか、あるいは安全で経済的かつ環境配慮型の施工方法が設計で決定されなければならない。
- しかしながら、現場の地盤状況の全体像や、場所ごとの地盤の詳細な特性を得ることは多くの専門知識や時間とコストを要するため非常に困難である。そのため、通常は設計・施工においてある程度の不確実性が存在することになる。
- 設計で行われた挙動予測は、せいぜい概略予測である。
- ルーチン的な手順を使用するような経験の浅い設計者にとっては、プロジェクトの財務的実行可能性や健全性と安全面のいずれかを脅かす恐れのある損害や崩壊の極限メカニズムを認識することは比較的困難である。地盤と構造物の相互作用は、見過ごしやすい技術的に困難な領域の一つの例である。
- 地盤関連の問題は、プロジェクトのコストや進行に時として悪影響を与える。なぜなら、建設の初期段階で発生する問題は、コスト増のみならず、回復不可能な工程遅延（それ自体がコスト増）につながるからである。

- ジオリスクを効果的に管理すれば、大きなメリットが得られる可能性がある。リスクマネジメントシステムは、すべてのジオリスクを特定、分析およびコントロールするために必要となる。

1.4　本書の読み方

本書は、5 つのパートから構成されている。第 1 章および第 3 章は一般的な読者に向いている。ジオリスクのマネジメントにおける主要なプロセスが本書で述べられているが、本章のすぐ後の第 2 章に図示されている。リスクマネジメントの各種要素が、発注者またはプロジェクトマネージャー、設計者、ジオアドバイザー、ならびに施工者に対して示されているが、調達方法に関しては特に触れていないので留意して頂きたい。例えば、あるプロジェクトの設計者は、発注者、土木設計コンサルタント、施工者あるいは下請業者、あるいはこれら一連の団体から雇われる可能性がある。

第 4 章は、発注者はどのようにしてジオリスクをコントロールしたり排除するかを説明している。

第 5 章では設計者の役割、第 6 章では施工者の役割を示している。各章はキーポイントとなる要旨から始まる。

読者は、工学、土木・建築およびリスクマネジメントについてある程度の経験や知識を有していることを想定している。さらに、一般的な建設リスクマネジメントにおける情報やアドバイスは、Construction Industry Research and Information Association (CIRIA) guide[8]　ならびに RAMP[9] and PRAM[10]　の報告書から得ることができる。建設リスク管理表を作成支援するソフトウェアはいずれ利用可能となる[11,12]。

1.5　ガイダンスの基礎

本書は、英国有数の土木・建築分野の発注者、設計者、請負業団体の経験に基づくベストプラクティスについて説明している。この研究プロジェクトの一環として、環境・運輸・地域省（DETR）の技術パートナープログラムとして、土木学会により下記の一連の研究が実施された。

- 土木・建築の地盤工学的ケーススタディが収集され、それらから抽出されたものが様式化され、中間報告書が作成された。
- 適用可能なリスク・ソフトウェアのレビューを行い、中間報告を作成した（付録 B 参照）。
- 一連のセミナーが、学会の支部や地盤グループにおいて、イングリッシュ・パートナーシップ、英国保険協会および建築学会との共催で、英国全体で開催された。

英国の主要な発注者や設計・施工の組織を代表する Steering Group（運営グループ）がこのプロジェクトを主導した。

我々は、本書に示されたアドバイスが、改良されるとともに運用によって強化され、さらにフィードバックにより継続的な改善が行われることを期待している。この報告書は、特に土木･建築の運用や解体をカバーしていないものの、運営グループは多くのオーナーにとってこれらが重要な問題であることを認識しており、若干の修正を加えれば、提案された考え方がこれらにも適用できるものと考えている。

第2章

主要なプロセス

既設アンカーの試験

本書で述べているジオリスクマネジメントにおける主要なプロセスを模式的に図-5（裏面の折図）に示す。図中の丸付き数字は、第4章～第6章の見出しの後に付した括弧内の数字に対応している。

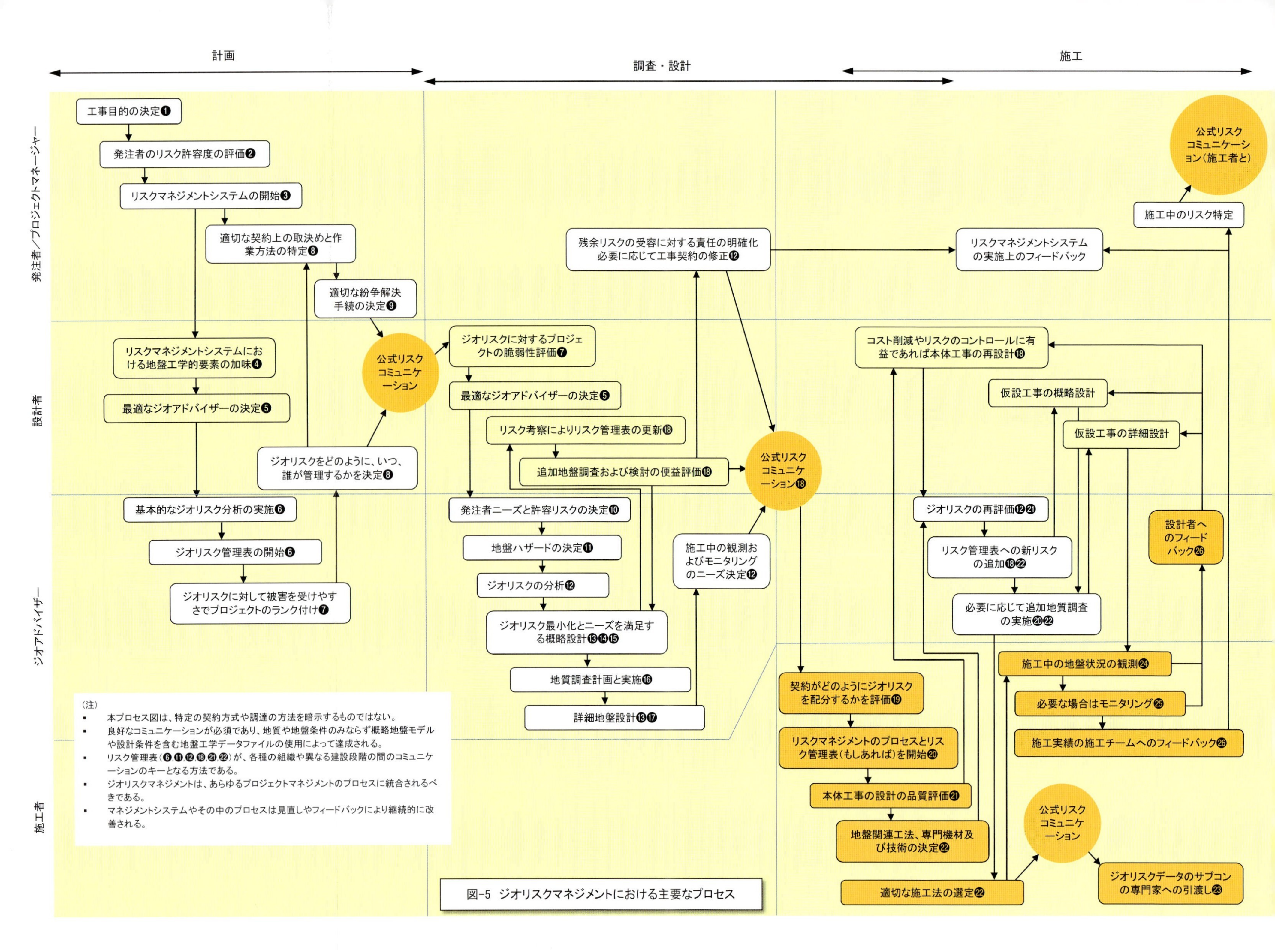

図-5 ジオリスクマネジメントにおける主要なプロセス

第3章
基本的な考え方

要　旨

□ 土木・建築工事において工期遅延やコスト増が地盤のさまざまな要素に起因するとされていることはよく知られたことである。
□ 土木・建築工事の調達方法を変更しても、効果的なジオリスクマネジメントが行われない限り、地盤に起因するリスクが将来大変深刻になる可能性がある。
□ 既に、体系的なリスクマネジメントは、安全衛生、財務や環境リスクをコントロールするために活用されており、ジオリスクをコントロールするための基本的な方法としても使うことができる。
□ プロジェクトにおいて、ジオリスクマネジメントを可能な限り早期に開始することが最も効果的である。
□ 地盤ハザードおよびリスクに関する早期の専門的な事象把握と分析によって、短期間でかつ費用対効果の高いジオリスクマネジメントを開始することができる。
□ 効果的な設計は、ジオリスクを最小化するための最善の方法の一つである。
□ パートナリングや期間契約のように契約内容や期間を定めた長期的な期間契約は、ジオリスクを分担する方法や予期せぬ地盤状況がもたらす結果に対して重要で密接な意味を有する。

3.1　はじめに

土木・建築工事における長期の工期遅延や建設コストの大幅な増加の要因を地盤に求めることはよく知られている。これらの問題を縮減し、可能な場合は回避し、改善のためにあらゆる機会を活用しようとするとき、リスクマネジメントシステムを適用することが不可欠である。従来は、十分なスキルと注意ならびに財源をもって地質調査と地盤設計を行えば地盤状況を完全に把

問題の縮減や回避、改善のためにあらゆる機会を活用しようとするとき、リスクマネジメントシステムを適用することが不可欠である。

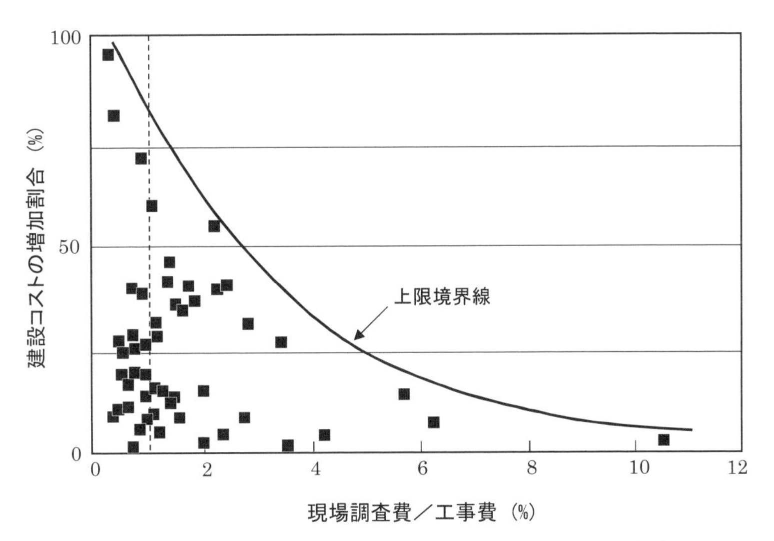

図-6　英国の高速道路プロジェクトにおける地質調査費割合と増加コスト割合の関係

工事入札額の 1% 未満の地質調査費が一般的に使われており、今回の調査データとした高速道路のような高レベルの技術が適用されているプロジェクトでも、100% もの増額が生じていることが分かる。

既往事例によれば、工事費は地質調査費が増えるにつれ顕著に減少する。しかしながら、工事費の増額を入札額の 10% 以下に抑えようとすると、工事入札額の 7 ～ 8% の支出を地質調査に支出しなければならないという非現実的なものとなってしまう。

Mott MacDonald and Soil Mechanics Ltd, 1994[4] を一部改変.

握することが可能で、予期せぬ遅延やコスト超過を回避できると考えられていた。しかし残念なことに、工事の管理が不十分であると大きな地盤の問題を引き起こすことがある。過去の高速道路建設やトンネル工事などのさまざまなプロジェクトの事例が、工事の最高の技能や技術を用いて管理されたとしても地盤には重大なリスクが残されていたことを示している[4)]（図-6）。

3.2　実務の変革

工事の契約方法は日々変化している。地盤設計や関連した地質調査を含む業務のすべてを単一のコンサルタントが設計・監理するような従来型のやり方は、現在ではあまり行われていない（図-7）。現在、より競争的で時間的な制約がある条件下では、CMr（CM を行うマネージャー）など設計者および施工者に対してチャレンジとなる新しいタイプの契約が全般にわたり用いられている。迅速さが要求され、分割された施工条件が増えているなかで、より確かなアウトカム（成果）を提供するために、以下が必要となる。

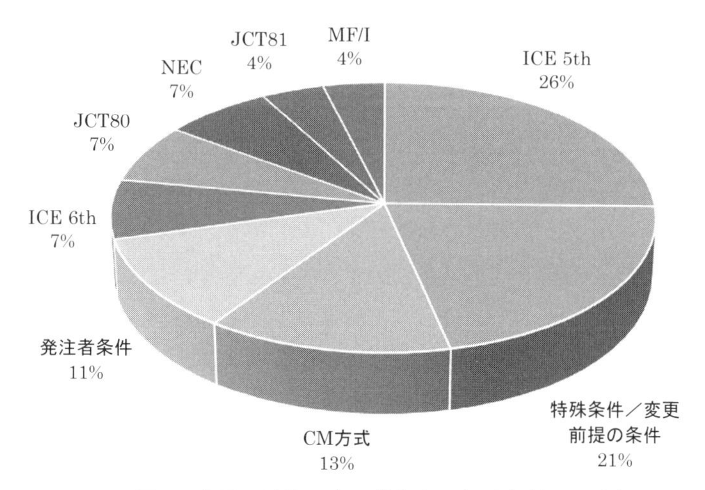

図-7　英国の建設工事で使われる契約条件（基準）

（注）ICE : Institution of Civil Engineers（英国土木学会）
JCT : Joint Contracts Tribunal（民間工事約款策定団体の標準契約書）
NEC : New Engineering Contract by ICE（新しい建設工事の契約条件書）
MF/I : Micro Finance Institutions（中小企業向け金融機関）

- 良好なコミュニケーション
- 問題解決のためのチームによる取組み
- 統合化されたプロジェクト全体のプロセス
- 施工マネジメント（CM）および設計へのリスクマネジメントに基づいたアプローチ

重大な問題を避けようとするならば地盤関連のリスクを体系的にマネジメントするべきである。幸い、建設一般のみならず体系的なジオリスクマネジメントの土台となる安全衛生リスク、財務リスク、環境リスクなどの商取引において、リスクマネジメントは経験に基づいた骨格システムが形成されてきている。

3.3　体系的リスクマネジメントシステム

体系的なリスクマネジメントは、土木・建築工事が常に不確実性を含むことを前提としている。プロジェクトを完遂するために、リスクを体系的に容認できるレベルに減らすには手続きが必要である。先述したように、地盤関連のリスクは重要であり、施工の多くの要素に影響を与える（図-8）。そのため、土木・建築工事のためのどんなリスクマネジメントシステムも、ジオリスクを管理する要素を確実に含むべきである。参考として、安全衛生活動に関するリスクマネジメントシステムの模式的な一例を図-9に示す。

体系的なリスクマネジメントは、土木・建築工事が常に不確実性を含むことを前提としている。

リスクマネジメントシステムの確立は、当該組織の取締役や管理職などの高いレベルの判断によらなければならない。基本手順は以下のとおりである。

- 方針を練り上げスタッフに文章で提示
- 職員を組織化し、動機づけて仕事を完遂するのに必要なスキルを提供
- 計画、手順、ならびに計測できる目標設定がリスク縮減に資するものであることを確認

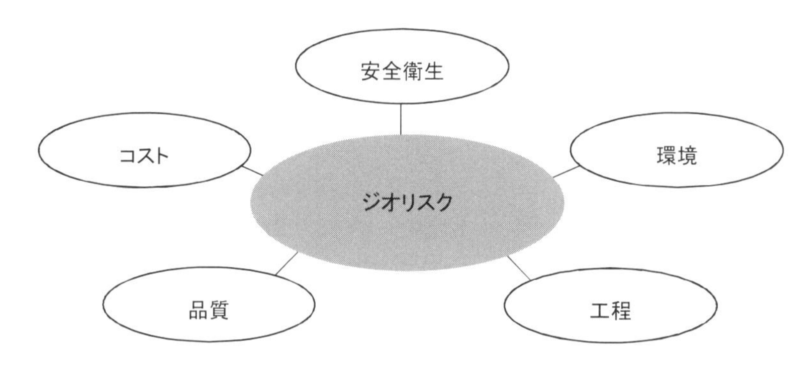

図-8　地盤関連リスクは非常に多くの施工要素に影響を与える

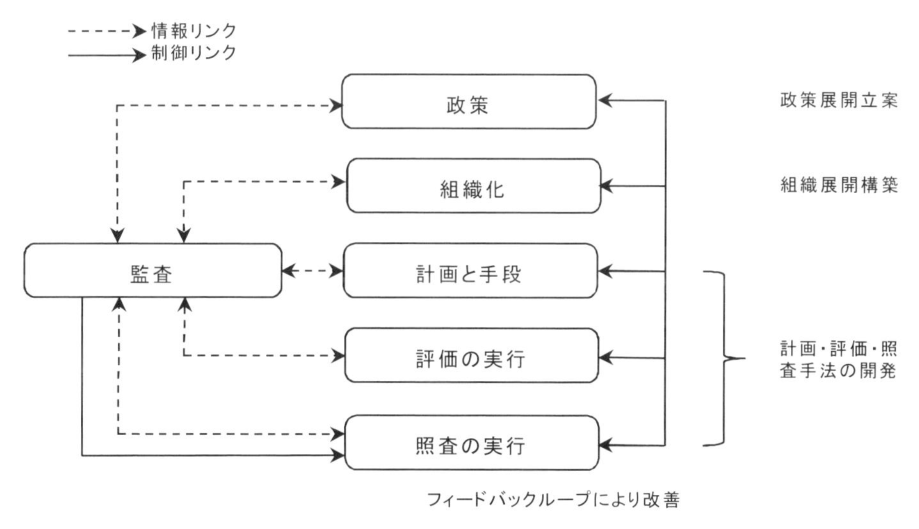

図-9　リスクマネジメントシステムを成功させるための基本要素
HSE, 1997 [26], 1998 [27] を一部改変.

- 悪い事象が生じたらリスクマネジメントの手順を確認し調べることを要求
- 事例から学ぶために監査と照査を導入

3.4　ジオリスクマネジメント

(1) 開始時期

ジオリスクマネジメントは、リスクの削減と好機をつかむという両者の意味で、プロジェクトの計画段階から開始すれば最も有効となる。建築プロジェクトの場合、これは、開発のための土地購入前の段階を意味する。プロジェクトの計画フェーズ期間は、建設を含むビジネスの機会が最初に認識される時点から、計画フェーズを通して概略設計を終了するまでの期間である。それは一般に、発注者が事業に最もかかわり、プロジェクトの目的が決定され、財務計画が策定され、必要な資源が決定される建設段階でもある。他のリスク（財務、安全衛生、環境）のマネジメントは、通常この段階から開始される。そして、可能であればジオリスクマネジメントはこのマネジメントに織り込まれるべきである。リスクマネジメントプロセスでの最も重要なことは、プロジェクト計画段階で以下のようにマネジメントが実行されることである。

ジオリスクマネジメントは、
プロジェクトの計画段階から
開始すれば、最も有効となる。

- リスクマネジメントプロセスの開始
- 発注者の許容リスク評価
- 地盤ハザードやそれに関連しそうなリスクの初期の評価
- リスクがコントロールされ、再評価され、確認される段階の決定
- リスクマネジメントに用いる手法の決定
- プロジェクトの各段階のリスクマネジメントに対する責任の決定

ジオリスクマネジメントは優れた商取引の手法であり、不確実性を減少させる機会を与え、いくつかのケースではコスト縮減と工期短縮に資することができる。ジオリスクのマネジメントにおける第一段階は以下のものである。

- 建設予定地に想定される地盤ハザードを特定

● これらのハザードから生じるジオリスクに対処できる施工方法の脆弱性を評価

このためには、発注者はプロジェクト計画時に非常に早くから事前の投資を行う必要がある。

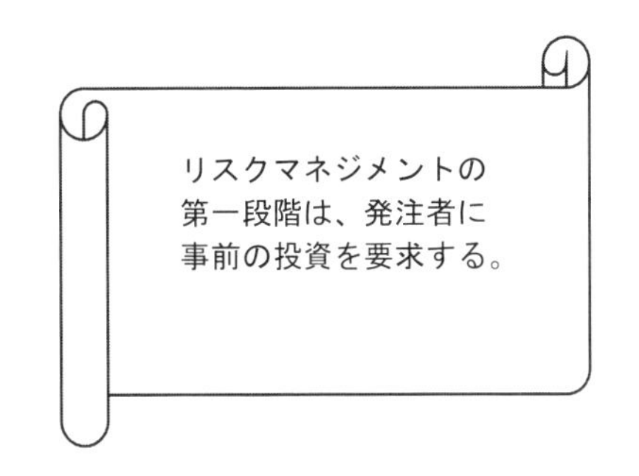

(2) ハザードとリスクの確認

地盤ハザードの特定とは、現場で生じうる不利な条件を識別するために既存の情報、経験および専門家の意見を組み合わせて行う迅速かつ有益なプロセスを意味する。各段階で行うべきことは以下の通りである（図-10、表-2)。

- 工事を監理し結果に基づき提言を行うため、ジオアドバイザー（大規模なプロジェクトでは専門家チーム）を決定
- 現場の既存情報を徹底的に調べる。例えば、その場所や周辺の歴史、地質、現在の土地利用、地下水条件など
- 情報を整理し最も可能性の高い地盤条件を想定し、実際の地盤条件がそれらとどの程度異なるかを評価
- 起こりうる可能性のあるすべてのハザードと考えられる施工法に対するリスクを特定
- ジオリスク管理表の形式で情報を照合
- 発注者、予定される設計者および施工者に対して、得られた情報を伝達するための報告書を提出

地盤ハザードの特定に基づいて、プロジェクトのジオリスクに対する脆弱性のレベルが評価できる。以下のような特性を有するプロジェクトは、地盤工学的見地から特に危険であるといえる[28)]。

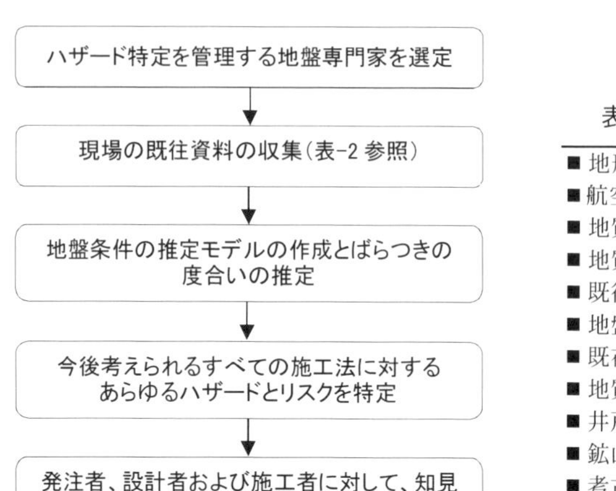

図 **-10**　地盤ハザードの特定

表 **-2**　現場条件の情報源

■ 地形図（現行版、絶版品）
■ 航空写真（現行版、絶版品）
■ 地質図と地質情報
■ 地質調査結果とデータ集
■ 既往地質調査報告書
■ 地盤工学の書籍や論文
■ 既存施工記録
■ 地質に関する書籍や論文
■ 井戸の記録
■ 鉱山の記録
■ 考古学学会の記録

- プロジェクト全体のコストにおいて地盤関連工事あるいは地下工事の割合が非常に高い場合（例えば、道路、鉄道、トンネル、深い基礎、港湾施設、ダムならびに水利計画）
- 極めて複雑で、説明が困難で、あるいは非常に悪い地盤の条件がある場合
- 第三者の隣接構造物と複雑あるいは危険な状態で隣接または近接している場合や、許容地盤変位に関して厳しい要件がある場合（例えば、都心の深い基礎や貯蔵サイロ複合体など）
- 大規模か高度な特殊技術が要求されるプロジェクトで、当該地盤状況における経験がない企業が契約者となる可能性がある場合

このようなプロジェクトは公式（公的）なジオリスクマネジメントシステムを持っている必要があり、リスクマネジメントが対象とするプロセスは少なくともプロジェクトの構想時点から発注時点まで広げられるべきである。短期間の地盤ハザードの特定では、地質学および地盤工学のアドバイスを必要とする。高いレベルのリスクが認められるような場合（例えば、現場に存在する斜面が不安定で

ある可能性が高い場合)、あるいは大規模プロジェクトの場合では、地盤専門家集団をプロジェクトの完了まで従事させるべきである。これは、徹底的かつ継続的なジオリスクマネジメントプロセスを確実にするために役立つはずである。

(3) 効果的な設計の重要性

効果的な設計は、ジオリスクを最小限にする最善の方法の一つを提供している。設計を効果的にするための方法は以下の通りである。

- 体系的に行い、主要な段階を逃さない（図-11）
- プロジェクトで不可欠な要求を正しく決定
- プロジェクトを定義し、現場で予想される地盤状況に伴うリスクがある場合に、設計に最適な解を与える施工方法を特定する手段として概略設計を実施
- 地盤状況が不確実であることを認識して解析技術を使用

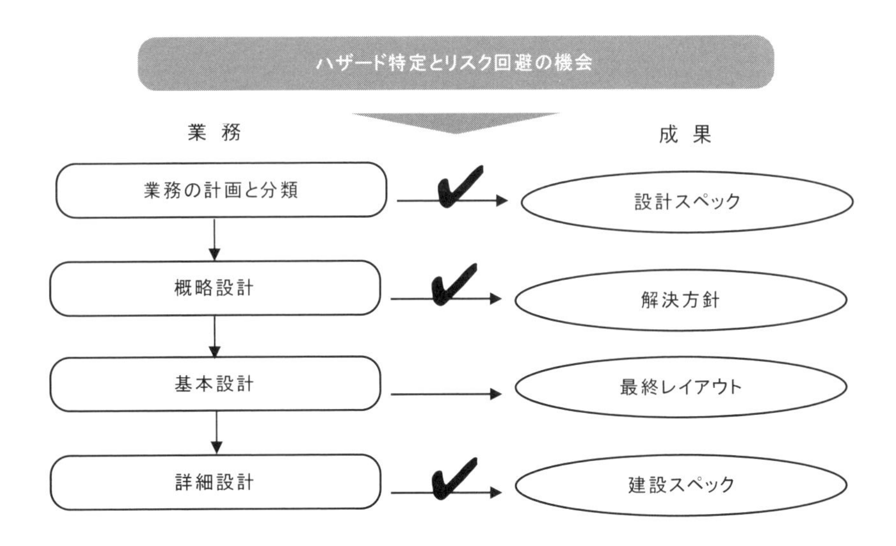

図 **-11**　体系的な工学設計の段階
Pahl and Beitz, 1996[29] を一部改変.

● 類似した地盤状況にある施工中の事例および過去の実例と比較することで設計のチェックを実施

専門家のコンサルタントや専門業者が参加したり、CM 方式の新しい契約形式が導入されると、設計がますます断片的となる。設計は連続工程であり、発注者ニーズが満たされていることを確認するために定期的な照査が必要となる。地盤状況に関する情報がプロジェクトに関与するすべての関係者に伝達されることを確認するために打合せが行われることが重要である。建設の全般にわたり設計の再評価が実行されるべきであり、必要であればプロジェクトの実施中および終了段階でも必要である。発注者、設計者および施工者の間での良好なコミュニケーションと、リスクマネジメントへのチームアプローチが不可欠である。

3.5　調達方法とジオリスクマネジメント

調達方法はジオリスクマネジメントにおいて重要な意味を持っている。経験によれば、完璧に設計され、単価固定で数量は変更できる契約（例えば、伝統的な英国土木工学技術者協会の契約条件）のもとでは、一般に、『予期せぬ地盤状況』として表現されるジオリスクのほとんどの責任を負うのは発注者である。

一方、いくつかの大口の発注者（例えば不動産開発業者）は、特に、彼らが地盤状況に左右されにくい多くの建築プロジェクトに関与している場合、ジオリスクを自身で取ることを好む。しかしながら、他の多くの場合これをよしとせず、地盤関連リスクを建設専門家集団や企業に負わせた契約形式（例えば、ランプサム（一式契約）、固定工事費の設計施工一括契約）を用いることが増えている（図 -12）。調達方法や契約形式にかかわらず、地盤技術者ができるだけ早く当該プロジェクトに関与することによって、ジオリスクは最もよく管理されるであろう。

従来、地盤に関した紛争は訴訟や仲裁によって解決してきた。このような訴訟や仲裁でも裁判を伴う方法でもなく、調停または専門家による決定の方がうまくいったという事例がある[31]。交渉は紛争解決の最善の方法であると理解

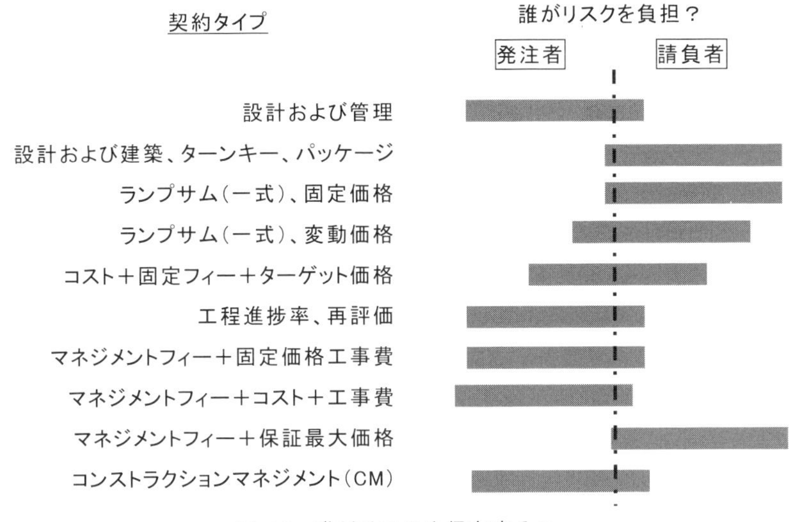

図 **-12**　誰がリスクを保有する？
Flanagan and Norman, 1993[30] を一部改変.

されるが、地盤に関するクレームは特異な性質のため、可能であれば紛争は避ける方がよい。地盤モデル状況報告書または地盤設計概要報告書の形で合意された地盤状況を用いることによって、設計と施工を分離した契約が行われるとき、これらの報告書は交渉のための良識のある論拠を提供できる[32]。紛争審査委員会または地盤問題諮問機関と契約当事者によって共同任用しておけば、技術的な観点から公正なアドバイスを行わせることができ、紛争解決を早めて膨大な時間と費用を節約できる[32]。

大口の発注者はサプライチェーン管理をより効果的に行うためにパートナリングや期間契約をすることによって入札者をますます限定してきている。このような契約の仕方は、建設会社が長期的なビジネスを好む可能性が高いので、予期しない問題が発生した場合の迅速かつ効果的な紛争解決に役立つ。一方、発注者は、定量化困難あるいは制御不能なリスクを建設会社にゆだねるため不当に高い費用を支払うことになるので、これらの契約の仕方はジオリスク全般の効果的な管理を提供できない。しかしながら、本書に記載されている原理と手法は、建設に関与するすべてに役立ち、調達の枠組みにかかわらず適用することができるはずである。

3.6　役割と組織

土木・建築工事の過程には下記の一連の職務担当がある。

- 発注者
- プロジェクトマネージャー
- 設計者
- 施工者

しかし、これらの職務担当と、建設にかかわる各組織が行う工事との間に明確かつ明瞭な関係はもはや存在しない。

例えば、DBFO（設計・施工・財務・運営）を行う土木工事の請負者は、自分を仕事の発注者と考えるかもしれない。彼らは設計の少なくとも一部から取りかかり、他の要素は設計コンサルタントおよび専門下請業者あるいは専門コンサルタントに下請けとして実行させる。多くの発注者はプロジェクトマネージャーを採用し、キーシステムを導入する。そしてより大きな発注者は、設計の少なくとも初期段階で予備設計の特定の部分を行う設計専門家を雇用するかもしれない。

第 4 章から第 6 章では、発注者、設計者および施工者の役割を確認する。これらの用語は、雇用者、エンジニア、請負者あるいは工事契約で使用されるその他の用語と同義ではない。下請けに対しては、元請が発注者となる。設計者は、発注者・元請・専門業者に雇用され、また、土木設計コンサルタント業務あるいは建築業務においても雇用されるであろう。プロジェクトマネージャーの機能は、発注者、設計者または施工者が果たすことになるであろう。次章以降を読む際には、以上を念頭に置く必要がある。

第4章

発注者の役割

要　旨

初期段階における地盤工学的アドバイスにより、地盤状況に潜在的に起因する影響を特定することができる。

□ 発注者は、追加費用と工期遅延を最小限にするために、建設目的の根幹が何なのかを明確にする必要がある。

□ 建設工事は一般にリスクを伴うため、発注者やプロジェクトマネージャーは、プロジェクトの開始に先立ち、発注者がどこまでリスクを許容できるかを明確にする必要がある。

□ 発注者は、マネジメントの基本となる要素（リスクマネジメントなど）をプロジェクトの計画段階で整理するために、積極的な役割を果たすべきである。

□ ジオリスクは重要なものであり、土木・建築工事に固有の他のリスクと一緒に管理すべきである。

□ プロジェクトの初期段階で良い地盤工学的アドバイスを得ることができれば、地盤状況に影響されやすいプロジェクトを確認することができる。

□ ジオリスクマネジメントは、ジオリスク管理表の作成を含め、プロジェクト中にできるだけ早く開始する必要がある。

□ ジオリスクマネジメントの方法はプロジェクトの計画段階で決定されるべきである。

□ ハイリスクのプロジェクトには特別な配慮ができるように、各プロジェクトのジオリスクに対する脆弱性を評価すべきである。

□ 発注者と施工者との契約におけるリスク分担は、期間契約やパートナリングにおいて有益であると認識すべきである。

4.1　はじめに

発注者はバリュー・フォー・マネー（VFM；金銭に見合う価値）を求めるが、同様に重要なものとして、以下の観点からプロジェクトの確実な成果を求める。

- 施工に要する期間
- コスト、さらにはライフサイクルコスト
- 品質（表-3）

表-3　発注者のニーズ

■ 発注者は、実用的なビジネス要求を満たすことを目指し、建造物からより大きな価値を得ることを求める。
■ 発注者がまず優先するものは、新しい建造物の建設費を削減するとともに、品質を向上させることである。
■ 発注者が長期的により重要と考えるのは、ランニングコストの削減と、既存建築物の標準の改善である。
■ 発注者は、重要な価値向上とコスト削減は設計と施工の統合によって得られると考えている。

Construction Task Force, 1998[1].

建設工事はリスクのあるビジネスと言える。多くの理由があるが、少なくとも建設の遅れと追加コストがプロジェクトの収益性を台無しにするからである。したがって、経験豊富な発注者は、新たな工事においてマネジメントの主要な要素を整備するうえで有効となる役割を担っている。本章は発注者がジオリスクを最小限に抑えるための活動のいくつかを説明する。

4.2　ジオリスクマネジメントのファーストステップ

発注者は、できるだけ早くプロジェクトマネージャーに以下のことを実行させるべきである。

- 要求事項と不確実性を受け入れる準備ができていることを確認
- リスクマネジメントのプロセスを開始
- プロジェクトにおける地盤関連のリスクを評価するため、地盤専門家（ジオアドバイザー）のアドバイスを入手

- ジオリスクに対して脆弱性があり、特別に対応する必要がある現場やプロジェクトを特定
- リスクマネジメントをどのように、いつ、誰が行うかを決定
- 許容されるリスクの存在を反映しつつ最高の価値が得られるような契約条件を使用
- 建設が始まる前に、効果的な紛争解決手続を整備

発注者は、トンネル、堤防やダムのように長期間にわたりジオリスクをもたらし、ライフサイクルコストを大幅に増加させるようなプロジェクトがあることを認識すべきである。

4.3　発注者の要求の把握 (1)

発注者の要求に基づく変更は望ましくなく（特に、土木・建築工事の後半で通知する場合）、可能な限り避けるべきである。変更に伴う再設計を実施することで工事の遅延となり、さらに施工の混乱に基づく追加コストの発生につながることになる。それらは、地盤に関連した要因に基づく混乱のリスクを高めている。なぜなら、変更に伴うリスクを判別する時間が短いうえに、それらを管理するためのオプションが限定される可能性があるためである。

設計を成功させるためには、概略設計と詳細設計を開始する前に、一連の設計基本方針を構築することが必要である。良い設計は、要求事項を単純で一般的な用語で表現することで丁寧に示すことに帰結する。地盤に関していえば、このことは、ジオリスクを回避・管理するために有効で費用対効果の高い方法を、設計者に柔軟に検討させることを可能にする。しかし、建設の支出増と遅延の最大の原因は発注者による要求の変更に起因しており、その場合には再設計と仕様書の作り直しを必要とし、工程の中断に結びつく。

4.4　発注者のリスク許容度の評価 (2)

発注者がどの程度までリスクを許容できるかは、担当するプロジェクトのリスクマネジメント手法に影響を与える。例えば、中規模の多くのプロジェクト

に関係する大口の発注者は、たまにしか建設工事を行わない小口の発注者に比べ、いくつかのプロジェクトでコスト増加や工期遅延が発生することに耐えられるであろう。また、大口の発注者はリスクを管理するための社内戦略を策定するであろう。それに対し、小口の発注者や稀にしか工事を行わない発注者は、プロジェクトごとにリスク（特にジオリスク）を特定し、管理し、できれば回避することに非常に大きな労力を傾ける必要が出てくる。

4.5　リスクマネジメントの運用開始 (3)

発注者(またはプロジェクトマネージャー)は、プロジェクトに内在するすべてのタイプのリスクに対するリスクマネジメントシステムがプロジェクト計画時に整備されていることを確認する必要がある。技術的リスク、安全衛生リスクに対しては、リスクに関する記録の保存や共有が重要である。

プロジェクト構想中に認識されたすべてのリスクに対し、設計・施工中に対応することを確認するため、リスク管理表の作成を開始し、プロジェクトに関係するすべての組織に伝達される必要がある。

（一般にインフラに関わる）プロジェクトには、考慮すべき長期的な運用の問題がある。例えば、道路・鉄道盛土や切土の安定性、線形や舗装の性能によっては、供用期間のメンテナンス費用が初期工事費を上回ってしまうことがある。発注者は、ライフサイクルコスト縮減を設計者に要求し、リスクマネジメントプロセスで対応を求める必要がある。

4.6　ジオリスクマネジメントの結合 (4)

地盤関連リスク、例えば安全衛生リスク、財務リスクおよび環境リスクは、プロジェクト全体のリスクマネジメントプロセスの一部として、初期の段階で考慮する必要がある。

あらゆるタイプのリスクは、プロジェクトの一般的なリスクマネジメントプロセスの一環として、早い段階で考慮すべきである。

地盤関連のリスクが、対応が必要となる重要なリスクであることは明白である。新しい建造物の請負業者（施工業者）や利用者の安全衛生を確保するためのシステムが法律上要求される。慎重な発注者であれば、さらに財務の不確実性に関しても正しく管理されていることを確認したいと思うであろう。

財務リスクと安全衛生リスクを対象としたマネジメントシステムおよび技術は、地盤関連リスクに対しても使用できる。

ただし、多くのプロジェクトにとって地盤に関連したリスクが財務の不確実性の主な原因であり、あるケースでは地盤状況が深刻な安全衛生リスクをもたらすことがある。財務リスクと安全衛生リスクを対象としたマネジメントシステムおよび技術は、地盤関連リスクに対しても用いることが一般に可能である。地盤関連リスクが深刻な場合を意識し、プロジェクトに対する他のリスクと併せて検討することが重要である。

4.7　適切な地盤工学的アドバイス (5)

ある工事が地盤に著しく影響される可能性があるかどうかについてはできるだけ早く把握する必要があり、施工方法が確定する前であることが望ましい。小さなビルの建築であっても、開発用地を購入する前に地盤関連リスクに関する情報が必要になる。

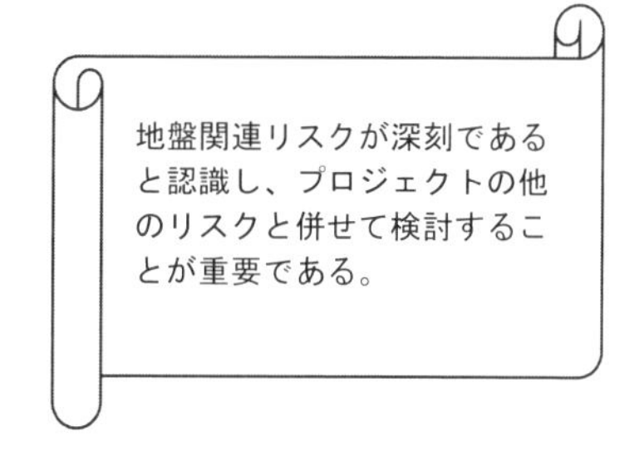

これらの地盤関連リスクに関しては、専門家からのアドバイスに基づき迅速に判断することが可能である。発注者、プロジェクトマネージャーあるいは設計者は、プロジェクトの計画段階でジオアドバイザーに相談することが不可欠である。適切な人材やそのノウハウのある会社は、英国地盤工学会のUK地盤工学名簿[33]に記載されている。

4.8　初期段階でのリスク特定 (6)

ジオアドバイザーによって予備的なジオリスク分析が以下のように実施される。

- 計画中の工事現場に存在する可能性がある地盤ハザードを特定
- これらのハザードに起因するジオリスクに対して計画中の施工方法の脆弱性を評価
- リスクが発現した場合の予想される対策コストと延長工期を推定
- 追加する地盤工学的検討による便益（できれば費用対効果）を提示
- 当該現場における地盤調査のための最低の基準を提示

これらの作業の結果は、ジオリスク管理表および地盤概要報告書に含める必要がある。これらの報告には、地盤工学的な要因による潜在的な影響と、リスクをどのように、いつ、誰が扱うかを技術的な観点から示す必要がある。また、プロジェクトを進めるのに必要な地盤状況が把握されているかあるいは追加の調査の実施が必要かどうかについても記載されるべきである。これらの文書は、プロジェクト構想中に把握されたすべてのジオリスクを、設計・施工の各段階で反映させるために、プロジェクト全般にわたって引き継がれなければならない。

予備的な分析の結果は、ジオリスク管理表および地盤概要報告書に記載する必要がある。

把握されたすべてのリスクに対処できるように、リスク管理表と概要レポートを、プロジェクトの全段階で引き継いでいく必要がある。

4.9 プロジェクトのジオリスクに対する脆弱性評価 (7)

多くの土木・建築プロジェクトにおいては、ジオリスクは特に大きいものではなく、適切な計画と予算による地質調査と良質な設計により、施工中に発生する地盤関連の問題が十分に認識されると考えられる。しかしながら、地盤の影響を受けやすいプロジェクトや、あるいは大きなハザードが存在する現場での施工では特別な検討を必要とする。ただし、このような状況下でも、プロジェクトの開始時点における経験豊富な地盤専門家による概略設計により、リスクのほとんどを回避することができる。

大なり小なりリスキーと判断されるプロジェクトや、高度で詳細な地盤関連設計により工期や工費を著しく節減できるプロジェクトでは、最高レベルの地盤専門家に依頼すべきかどうかを、プロジェクトの早い段階で判断しなければならない。高度な分析、設計やモニタリング技術は経費節減のためよく利用されるが、そのために専門的な地盤コンサルタントや請負業者が必要になるであろう。そのような技術の適用は複雑さが増し時間もかかるが、工程やコストの大幅な削減による妥当性の確認ができるのであれば、委任を検討すべきである。

プロジェクトのオーナーは、地下工事を行うのにもっと洗練されたアプローチがあったはずだと反省するようなプロジェクトが、存在することを認識すべきである。

(Brierley, 1998[28])

4.10　リスクの最適な管理方法の決定 (8)

発注者は、誰がプロジェクトにおけるさまざまなリスクを負うかを決定する必要がある。特定のリスク (例えば、異常天候による施工の遅延) は保険を適用できるかもしれないが、大半の地盤関連のリスクは、発注者あるいは請負業者が負わなければならない。

契約準備段階においてさまざまな方法でリスクが配分され（第3章の図-12参照)、設計リスクの主要な責任は発注者に与えており、それ以外は請負業者に与えている。

地下工事のプロジェクトは、その主要なステークホルダーすなわちオーナーや請負業者に対して非常に大きいリスクを提示している。現実的には、地下条件に対するすべてのリスクを、完全に回避したり排除することはできない。

(Hatem, 1998[34])

建設プロジェクトには､リスクのないものはない。予期せぬ地盤や地下水条件、あるいは基礎、山留め、ならびに斜面や土工における予期せぬ挙動は、再設計による経費増や工事完了の遅延を導く可能性がある。そのため、発注者は設計後の残余リスクを念頭に置いた施工契約方式を選択することが重要である。

> 建設プロジェクトにリスクのないものはない。リスクは管理、最小化、共有、転嫁、あるいは受容される。それは無視できるものではない。
>
> (Latham, 1994[35])

4.11 紛争解決方法の特定 (9)

地盤の予測困難な挙動から生じる追加費用は、工事紛争のみならず費用のかかる仲裁や訴訟にもつながることがある。

大口の発注機関では、契約方式と紛争を解決する困難さにはあまり関心がないと思われる。それは、施工者に対し地盤関連の損失に関して長期的視点を持てるよう資金力を活用できるからである。このような発注者は、パートナリングやコラボレーション（連携）および期間契約について調査する価値がある。これらは交渉と解決のプロセスを容易にするために有効であると知られているからである。

一方、小口の発注機関や臨時の発注機関の場合、その施工要求が限定的かつ断片的なものであり、適する契約方式やジオアドバイザーの選択には極めて慎重な対応が必要である。多くの土木・建築会社は、売上高、資産と技術力の面で顧客や設計者をしのぎ、あらゆる紛争または訴訟手続において有利である。事業の進捗とともに明らかになる地盤関連の課題を克服するために、発注者、設計者および施工者の技術資源が融合するような方式が最適な契約方式であることは疑いようがない。

どのような調達方法であっても、ジオリスクの管理においてプロジェクトマネジメントが役立つようである。ただし内在する不確実性の観点から、常に施工中の困難さを予測し、正式な紛争回避手順を導入すべきである。

第5章 設計者の役割

要　旨

- □ ジオリスクをマネジメントできる最も有効な方法を提供できるのが、良い工学設計である。
- □ 地盤のハザードやリスクを特定することが、良い地盤概略設計の基本である。
- □ リスク分析は、専門家の意見を体系的に活用するもので、ジオリスクの重要性を認識かつ評価する有効な枠組みとなる。
- □ 設計者は、地盤状況が常に不確実性を有するものと認識すべきで、不確実性に対処するにあたっては有効な設計方針を適用すべきである。
- □ 設計は、体系的に行い、発注者ニーズや許容リスクを正確に認識するとともに、概略設計であることを明確にしておくべきである。
- □ 地質調査の数量は、プロジェクトのジオリスクの程度に対し適切なものとすべきである。
- □ 設計者は、地盤に関する設計計算の多くはその精度に限界があることを認識すべきである。
- □ リスク分析やリスク対応設計の結果は、リスク管理表にまとめるべきである。
- □ 設計終了時に、リスク管理表およびすべての地盤情報を施工者や発注者に引き渡すべきである。

5.1　はじめに

ジオリスクをマネジメントできる最も有効な方法を提供できるのが、良い工学設計である。しかしながら、現在では多くの地盤設計が以下のような過度に単純化されたアプローチに基づいている。

ジオリスクをマネジメントできる最も有効な方法を提供できるのが、良い工学設計である。

- 地質調査はボーリング（および時として試掘）を用いて行われている。実際の調査では、机上調査で収集された既存の地盤情報を基に地質調査計画を立案し、実施することが最適であるが、建築や小規模土木工事においてそこまで行うことは比較的まれである。
- 概略の「地盤モデル」は、最も可能性の高いと予想された地盤状況、あるいは安全側を考慮して一般化した解釈に基づき作成される。そのようなモデルは、地質学的に代表されるものではない。
- 解析により限界状態が求められ、例えば、基礎、斜面、擁壁などは破壊に対して安全側の形状が決定される。

このプロセスは、土工がほとんどないか、あるいは地盤状況が単純で良く把握されているような場所における土木・建築プロジェクトに対しては適切である。しかし、構造物が特に地盤状況や地盤変動に影響を受けやすかったり、あるいは地盤が著しく変化しやすいか弱いことに起因して、地盤状況がより重要となる場合にはまったく不適切である。

現場で地盤を調査する際に必要な配慮がほとんどなされていないことが非常に多い。さらに、以下のような状況がある。

現場で地盤を調査する際に必要な配慮がほとんどなされていないことが、非常に多い。

- 重要な地盤状況を見落とす。
- ボーリングや試掘は、施工により影響を受けるすべての地盤を調べるわけではない。

- 調査で得られたパラメーターは、詳細設計で解析するべき問題に関連づけられていないか、あるいは、それらを用いた計算が不正確な結果を与えるような不確実性を伴って決定される。

地盤設計は、体系的に行われるべきであり、地盤に関連した不確実性を認識すべきである。

地盤設計は、それが有効となるように体系的に行うべきであり、地盤に関連した不確実性があることを認識すべきである。設計プロセスは、不確実性を効果的に扱うためにリスクマネジメントシステムと統合するべきである。

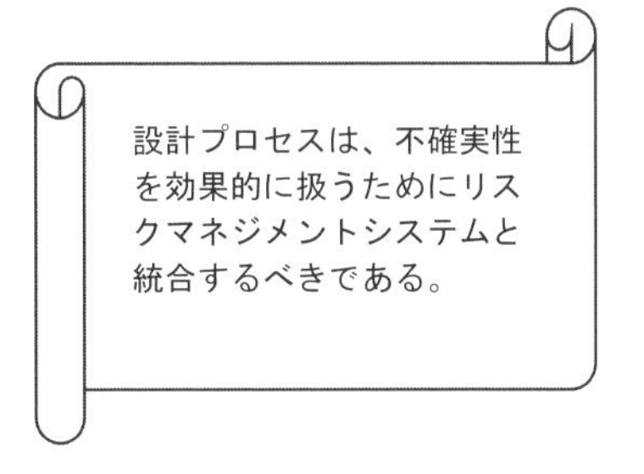

5.2　発注者ニーズと許容リスクの決定 (10)

体系的な地盤設計の第一段階は、設計者が可能な限り単純かつ正確に発注者の要求を決定することである。ここで重要なことは、発注者の許容リスクを理解し解釈することである。

大半の発注者は、工学的知識が乏しいかあるいはまったく無く、またどのように自らのニーズを満たすかに関しての考えもなく、ましてや地盤に対する考えや興味もない。最も一般的な方法でプロジェクトの地盤に関するニーズを表現することは、技術的な解決法を決めることはできないものの、最終的な設計をチェックする設計仕様に直結できるので有益である。設計仕様を満たすために、企画プロジェクトのさまざまな部分の機能・副機能を理解し、それらの要件を満たすことが必要である。設計仕様で、駐車場付きの使用可能な10,000m^{2}の事務所スペースが求められるとすれば、地盤設計者は、通常、ビル荷重の鉛直支持、基礎掘削の水平支保工、排水、進入路の舗装設計、さらに仮設工および恒久的な景観の斜面設計を含む広範囲の課題を検討しなければならない。

5.3　地盤ハザードとジオリスクの特定（11）

ジオリスクマネジメントにおいては、ハザードに関連したリスク特定が最初に行うべき最も重要なステップである。英国においては、時として机上調査に慣例的に用いられる既存資料（例えば、地形・地質図、書籍、論文集、航空写真および衛星画像）が重要な位置づけである。

ジオリスクマネジメントにおいては、最初で最も重要なステップはハザードと関連したリスクの特定である。

ただし、ハザードの特定は、データを用いて地盤状況を予測するプロセスとは基本的に異なるものであり、出現する可能性のある好ましくない状況を推測し、施工を確実に達成するために管理しなければならないリスクの一覧表を作成することが目的である（第3章の図-10参照）。

5.4　ジオリスク分析の活用（12）

ジオリスク分析のステップは以下の通りである。

1. 発注者がまだ何もしていないのであれば、ジオアドバイザーの「チーム」を立ち上げる（単純な建築工事に対しては一人のジオエンジニアでよいが、大規模建設プロジェクトに対しては専門コンサルタントまたは最低3名の経験豊富な地盤技術者／地質技術者のグループが必要である）
2. 現場の地盤状況に関する公開／非公開データの収集
3. 可能な範囲の施工形式の決定（例えば、基礎、底盤や擁壁）
4. 既存の情報や経験に基づき、施工形式の違いに対する地盤ハザードやリスクを特定するためのブレーンストーミング
5. グループの経験を活用したリスクの発生確率や施工への影響を考慮したリスクのランク付け
6. 発注者またはプロジェクトマネージャーにより事前に作成されていない場合、正式なリスク管理表の構築（表-4および表-5、付録Aを参照）
7. プロジェクトのさまざまな段階とリスクとの関連づけ

表-4　リスク分析の例

等級	可能性（L）	作業区分ごとのリスク発現見込み
4	高い	＞1/2
3	ある	1/10～1/2
2	低い	1/100～1/10
1	無視してよい	＜1/100

等級	影響（E）	時間やコストの増加（%）
4	非常に高い	＞10
3	高い	4～10
2	低い	1～4
1	非常に低い	＜1

リスクの程度（R）＝可能性（L）×影響（E）。
上記の表を用いて影響の判定が「高い」、可能性が「低い」と判定された場合、リスクの程度＝3×2＝6。

表-5　建築に対する単純化されたリスク管理表の一部

リスクID	ハザード	望ましくない事象	結果	コントロール前のリスク L	E	R
1a	基礎付近の脆弱または緩い土	基礎荷重による地盤破壊	基礎の破壊	2	4	8
1b		基礎の過大な沈下	上部工へのダメージ	3	3	9
2	酸性あるいは硫化性の支持地盤	基礎コンクリートの化学的作用	基礎の破壊	3	2	6
3a	高い地下水位	土の不安定化	基礎トレンチの崩壊	2	3	6
3b		基礎トレンチ内の地下水	トレンチ内の水のコンクリートへの影響	2	2	4

リスクの程度（R）	リスクのレベル	必要な対応
1～4	些細	なし
5～8	重要	安価でより効果的な解決策や追加コストをかけない改良を検討する
9～12	重大	リスクが減少するまで作業を開始しない 追加情報を要す
13～16	困難	リスクが減少するまで作業を開始しない リスクが減少しなければプロジェクトを継続しない

8. コストとその変動、確率の評価（グループの経験に基づくかソフトウェアの使用による、付録B参照）
9. リスクの回避・管理・最小化・共有化／移転の方法、許容する残余リスクのレベルの特定
10. 各ケースにおいて各リスクのコントロールを誰が行うのか、財務リスクを誰が負うのかに関する合意

リスク分析を有効にするためには、既存の地盤関連情報の徹底した調査とレビューを実施するとともに、地盤工学および地質学の十分な経験を活用してハザード、潜在リスクおよびそれらの影響を評価する必要がある。この点で、いかにジオリスクを管理するかを決定することが必要となる。この際、以下を参考にする。

- 発注者は一定のリスクを受け入れる用意があるだろうか。
- 多くのリスクを回避するように設計すべきである。
- リスクが回避できない場合そのための設計を行う。
- 例えば仮設基礎などのリスクは建築中に施工者が対応することになるであろう。
- 例えば杭基礎などのリスクは専門工事会社が対応することになるであろう（設計責任の要素も含む）。

> 私は、困難な問題の解決ではなく、それらを回避することによって工学的に偉大な貢献をした。
>
> (Conlon , 1989[36])

5.5　設計におけるリスクの管理（13）

地盤関連リスクを最小化したり削減したりする最も有効な方法の一つを提供

できるのが良い工学設計である。設計者は、地盤状況が場所や深さでばらつきを有しているため確定的ではないことを認識しなければならない（第1章図-2参照）。さらに、地盤の強度、剛性や透水性などの特性は、他の建設材料である鉄やコンクリートのそれに比べ極めてばらつきが大きい（図-13）。そして、地盤には施工を難しくするための多くの異なるメカニズムが存在する（表-6）。

表-6　場所打ち杭の施工において認識されたハザードの例
(AMEC Civil Engineering Ltd)

■プラントの選択	■地下水
■掘進性	■プラントの安定性
■障害物	■生コン配送
■ケーシング長さ	■廃棄物
■杭長	■汚染

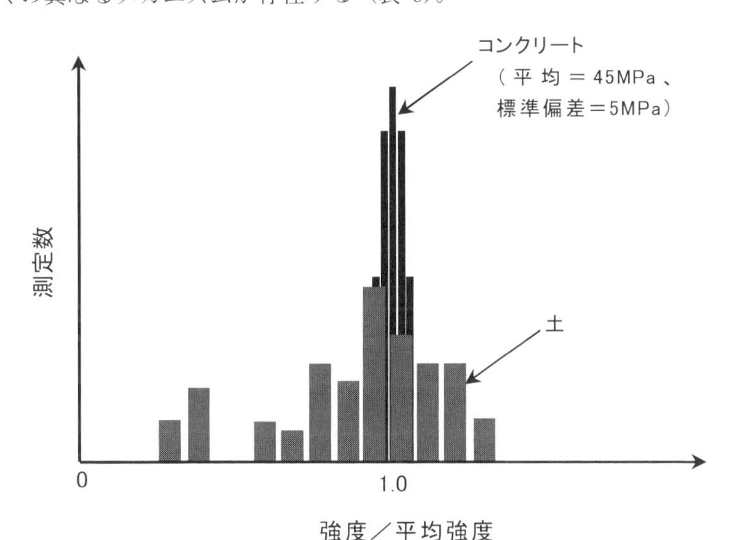

図-13　地盤とコンクリートの強度ばらつきの比較

> ［工学設計］とは、経済性・効率性の最大化を達成できるような力学構造、機械あるいはシステムの決定において、科学原理、技術情報およびイマジネーションを用いることである。
> (Fielden , 1963[37])

地盤状況がよく知られており、さらに設計が最高の方法を用いて専門家が行ったとしても、一般的な地盤計算は必ずしも精度が良いとは限らない（第1章図-3参照）。そのため、設計においては以下のようなばらつきが起こりうる要素を適切に評価するよう努力しなければばらない。

- 地盤挙動の予測との対比
- 現場の場所によって異なる地盤の状態
- 地下水位

5.6　体系的な設計の適用（14）

地盤設計は、以下の点に留意しながら体系的（第1章図-3、表-7参照）に実施する必要がある。

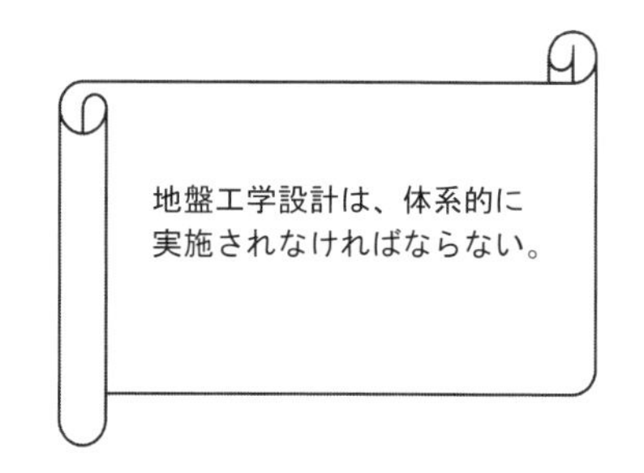

- 発注者ニーズの意識的かつ注意深い表現
- 潜在的なハザードの特定
- ハザードが建設工事中あるいは完了後のプロジェクトに対するリスクを生じさせていることの認識
- 発注者のリスクに対する許容度の評価
- 要求性能に対する概略設計（表-8）および各性能に対する設計の展開
- 最適な施工ができ、コストや工期を削減すると同時に、既知または未知の地盤状況の変

表-7　体系的な設計

体系的な設計は、発注者ニーズが正しく定義され最適なソリューションが見出され創造性を最大化することを目的として、予め定義された段階的なアプローチを用いる。

表-8　概略設計

概略設計は、詳細な解析に頼ることがなく、実施可能な範囲での変更設計の長所と短所を質的に評価することによって適切な設計の対応策を見極める。

表-9　解析

解析は、設計をその構成要素にブレイクダウンし、これらの各要素の挙動を計算するプロセスである。

化に対するプロジェクトの脆弱性を最小化することを目的とした施工方式の選択
- 適切な地盤状況を求めるとともに、詳細設計において限界状態解析に適用するパラメーターを得るための地質調査計画
- 慎重な詳細解析（表-9）および詳細設計

> 机上調査と踏査は、地質調査の２つの重要な要素である。他の要素（例えば、ボーリングおよび試験）が省略されることがあるが、これらの現場調査プロセスの要素は常に実施されなければならない。
> (Clayton *et al*., 1995[38])

5.7　概略設計の重要性（15）

ジオリスクに対する強力な対応策を提供できるのが良い設計であり、これは経済的かつ最新技術で施工が容易なものとなるであろう。概略設計のプロセスは、意識的にプロジェクトを機能と補助機能に分解し、事例（表-10）、ハザード回避、判断と経験の組合せを用いてそれぞれの解決策を見いだす。よく管理された設計プロセスにおいては、設計の各機能または補助機能を満たすために、この段階で実施された変更設計は、設計仕様に対して客観的に判断される。そして、解決策の最適な組合せが品質の範囲を念頭に選択されている。例えば、目的適合性、概算費用の単純さ、結果の確実性、環境、安全衛生への影響などの品質である（表-11）。

> 良い設計は、ジオリスクに対する強靭な対策であり、これは経済的かつ最新で施工が容易なものである。

表-10　事例に基づく設計

事例に基づく設計は、成功した既存の設計ソリューションを検証し今後の設計の基礎として用いることである。

表 -11　最適な地盤設計の選択基準

不確実性の最小化	最高の設計はジオリスクを最小化するものである
単純さ	最高の設計は最少のパーツからなる
施工性	最高の設計は最も効率的に施工できるものである
最適技術	最高の設計は最近の研究成果を最大限に活用したものである
最適性	最高の設計は（コストなど）定量的な評価、選択により進展されたものである

（工学的判断は）狭く詳細な技術から計画の幅広い概念までの答えを出す感覚である。

(Peck, 1969[40])

概略設計は、逆のプロセスでの解析ともバランスさせるような体系的アプローチも行うべきである。体系的な考えは、システムの一部の構成パートが全体の一部として分離したものと同じであるかどうかを問いかける。地盤設計においては、悪影響を与える相互作用（例えば、土の変位と構造物荷重とのいわ

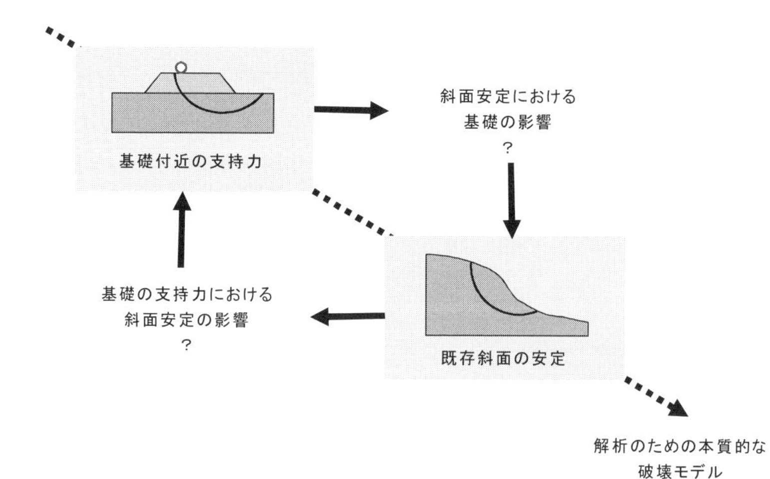

図 -14　相互作用マトリックスを用いて不適切な設計を特定する体系的なアプローチ
Hudson, I992[41] を一部改変.

ゆる地盤 - 構造物相互作用や、基礎荷重と斜面安定との相互作用など）を見出すことが重要である。なぜなら、それらが時としてクリティカルとなるためである（図-14）。

> 体系的な考えは、システムの一部の構成パートが全体の一部として分離したものと同じであるかどうかを問いかける。例えば、問題を過小評価する人は地盤と構造物の相互作用を無視する傾向にある一方で、体系的な考えを持つ人は常に中心的な問題と捉えている。
> (Blockley, I993[42])

ハザード回避は、地盤の概略設計の主要な要素の一つであることは疑いのないことである。Conlon[36]は、最も経験豊富な地盤技術者が感性として持つべきは、工学的に最も貢献するのは困難な問題を解決することではなくそれらを回避することであると報告している。多くの場合、ハザードは構造物の適切な位置への変更で単純に回避できる（例えば、採石場の埋立地での建築は避ける）。特に破壊に至る重大なメカニズムを回避できないような場合、複数の対策によりその発生を防ぐべきであり、これは多重防御と呼ばれている（表-12）。

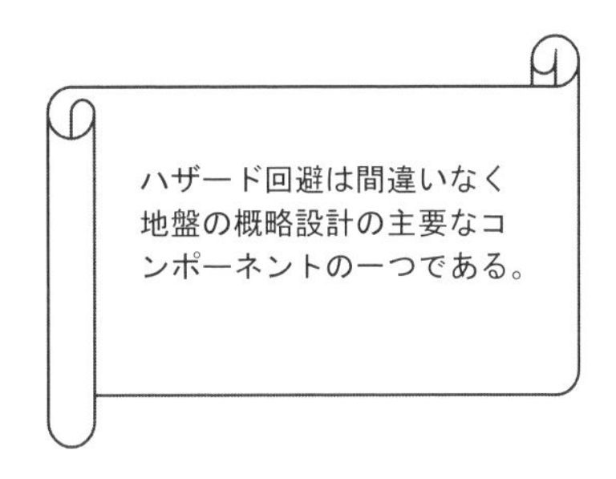

表-12　多重防御の例

■既設斜面の不安定さをコントロールするため、斜面排水工やのり面切り直しを実施。
■地下水の浸出を防ぐため、盛土のライナー設計において、ジオファブリック粘土（GC）ライナーを用いたり、漏水検知システム（二重ライナー）を使用。

5.8　地質調査の有効化（16）

最適な設計方針が決定すると、詳細設計を実施するのに必要な情報を得るために現地で地質調査を行うべきである。地盤解析は、地盤状況に関する情報が要求されるが、特に以下のようなものが必要となる。

- 地形
- 地盤の特性
- 地下水条件

地質調査（ボーリング、土質試験および現場試験）は、地盤概念モデルを確認するために実施される。

さらに、それらの数値がどの程度変動するか、あるいは地盤改良によってどの程度改善できるかの情報も必要となる。地質調査（ボーリング、土質試験および原位置試験）は、ハザードを認識するさらなる情報を与えてくれるとともに、解析に必要な地盤パラメーターを得ることを目的として、机上調査や踏査のデータから導かれた地盤概略モデルを確認するために実施される。詳細設計のための解析（表-9 参照）は、一般的には以下を基本として実施される。

- 一般的な設計上の仮定を用い、限られた地質調査から得られた情報

深刻なジオリスクがあったり、洗練された地盤工学アプローチを採用することで明らかに有益である場合においてのみ、非常に詳細な地質調査を実施するべきである。

あるいは

- 高度な数値モデリングを用いた非常に詳細かつ高価な地質調査の結果

ほとんどの設計は、限られた地質調査に基づいて行われており、設計者はこのような問題があることを認識しておかなければならない。

深刻なジオリスクがある場合、あるいは洗練された地盤工学アプローチを採用することが明らかに有益であると判断された場合においてのみ、非常に詳細な地質調査を実施することを提案する。ほとんどの設計は、限られた地質調査に基づいて行われており、設計者はこのような問題があることを認識しておかなければならない。

5.9　地盤解析の精度（限界）に対する認識 (17)

詳細設計時に、設計を決定するために最良の解析であったとしても、その結果に信頼をおくべきではない。それは、精度に欠けることが多く、建設問題に不完全な評価だけを与えるからである。正式なハザードの特定後にも限られた地質調査しか行われない場合には、次の5つのアプローチが役立つ。

● 同僚のレビューにより、主要な破壊メカニズムが過大評価されていな

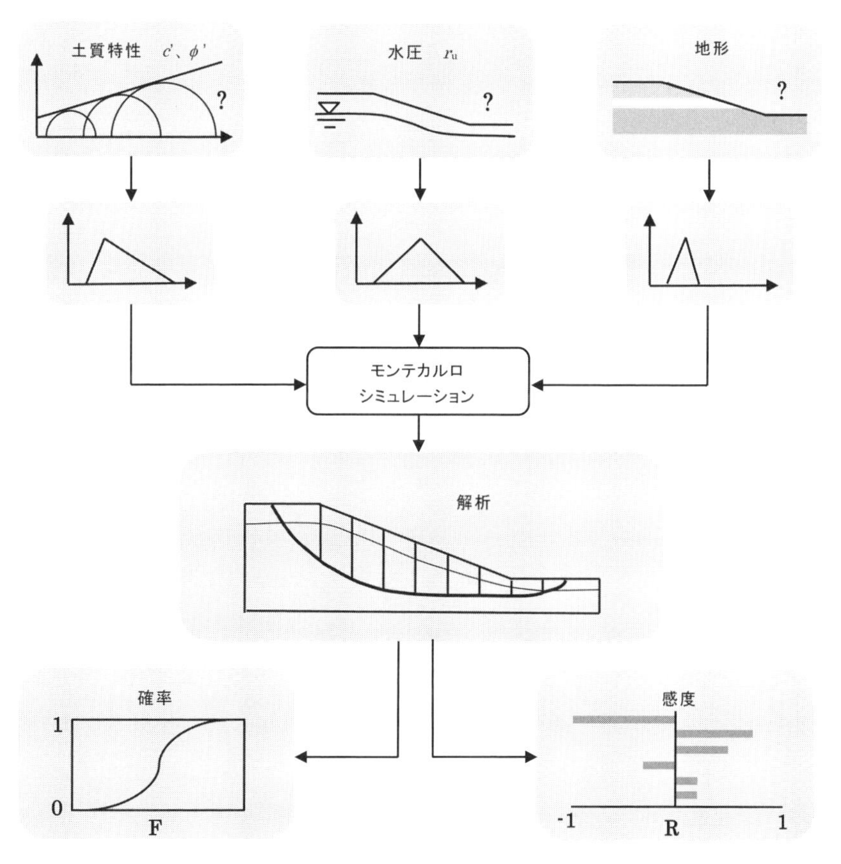

図-15　単純な斜面リスクモデルの例
（モンテカルロ法を使用）

いか、現実的なパラメーターが選択されているか、設計計算が十分にかつ正しく実行されているかを確認する。

- 感度分析（または@RISKなどのスプレッドシートのアドインを使用した確率計算）により、設計者は解析結果の不確定なパラメーターの影響を理解できる（図-15）。
- 主要な破壊メカニズムは、複数の対策工を採用することによって防ぐことが可能になる（例えば、‘切梁と腹起し’による‘多重防御’）。
- 満足できる地盤設計を行うためには、施工中に地盤条件に関する観測とモニタリングを行い、設計の仮定条件が現場を代表するものであることを確認するべきである。
- 設計を柔軟に行うことができれば、重要な要素のモニタリングを観測方法の中に正式に位置づけられる。

5.10　リスク管理表の更新と施工者とのコミュニケーション（18）

設計により効果的なリスク低減策と判断されるものが提供できれば、制御されるリスクをリスク管理表から削除することができる。そのため、残余リスクに着目し、（建設、試運転および供用中の）適切なリスク保有者を決めることができる。設計後に主要なジオリスクが残っている場合、プロジェクトの続行を停止するか、あるいは（おそらく高度な地盤工学の専門知識を使用した）さらなる段階の専門家による設計が必要になるであろう。

地質調査とその結果の解釈を含む地盤関連データは、土木・建築プロジェクトに関与するすべての関係者に提供されるべきである。構想から完成まで長期間を要するプロジェクトや、重要な専門工事や仮設工事を含むプロジェクトに対しては、設計方針を随時変更することが期待されるので、地盤データの妥当性は定期的に確認すべきである。

地質調査とその結果の解釈を含む地盤関連データは、土木・建築プロジェクトに関与するすべての関係者に提供されるべきである。

第6章
施工者の役割

要旨

□ 地盤関連リスクは発注者や施工者に多くの影響を与える。それは、発注者が多くのリスクを施工者側へ移転しようとする契約方式を適用することが増加しているためである。

□ 地盤に関連する不確実性は、うまく組織化された施工者に対して多くの好機を与えることになる。

□ 施工者のジオリスクマネジメント戦略は、契約の枠組みが変わるような影響があると認識すべきである。

□ 施工者は、入札や交渉の期間内にできるだけ早くリスクマネジメントを開始すべきである。もし、設計者あるいは発注者からリスク管理表を受理してなければ、施工者は即座にリスクマネジメントを開始すべきである。

□ リスク管理表は、特に提案した仮設工法や特殊工法に着目して、定期的に更新しなければならない。

□ 施工者が設計責任を取る場合、ジオリスクが十分に管理されたかを確認するため、地盤設計の照査を行うべきである。

□ 例えば仮設工事や基礎施工など地盤に関連した施工技術に関わるリスクは、それが分かり次第評価すべきである。

□ 施工者のジオリスクマネジメントの結果は、土工の専門工事業者や地盤設計者などプロジェクトにおいて後で関係する専門家に伝達されなければならない。

- □ 地盤状況は、施工中に観測、モニタリングし記録されなければならない。その結果は施工の弱点を探すうえで役立ち、また設計者は必要に応じて再設計する場合に役立てるべきである。
- □ ある環境下においては、施工中の主要な項目をモニターすることや、観測施工を用いることが有効となる。
- □ 観測やモニタリングの結果は、弱点を特定し必要に応じて再設計が行われ、施工法が変更されることを確認するために、施工中に設計者へフィードバックされるべきである。
- □ プロジェクトの終了時に、リスクマネジメントを通じて収集されたデータを、用いた手順の有効性に関してフィードバックを行うべきである。

6.1　はじめに

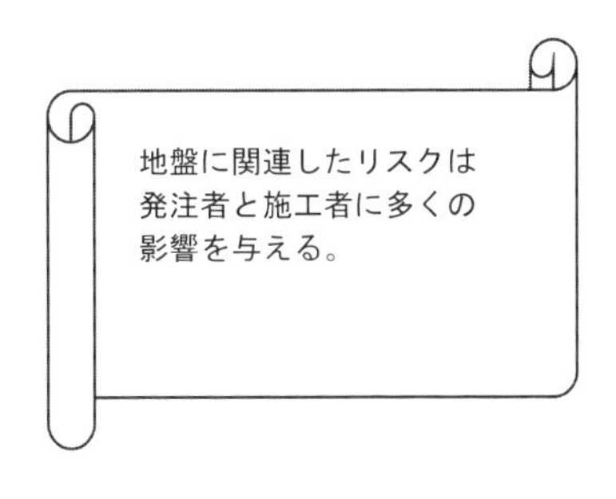

地盤関連リスクは発注者と施工者に多くの影響を与える。

従来、土木施工者は仮設工事における設計リスクの大半の責任を負ってきた。しかしながら、発注者が他の分野のリスクを施工者へ移転しようとする契約方式を適用することが増加しており、設計・施工の契約条件であるDBFO（設計・施工・資金調達・運営）などが増加しつつある。また、大きな発注者ではパートナリング、期間契約、PFI（民間資金主導）が、紛争解決を促進するために用いられている。

発注者に対しては、地盤に関連した施工リスクは大きな負の要素になりうる。しかし、建設産業にとっては大きな好機とみることができる。体系化されたリスクマネジメントを組み合わせたしっかりした地盤設計は、不確実性を許容できる程度まで削減することができる。一方、ある種のプロジェクトに対しては、洗練された地盤工学解析によって重要な価値を付加したり、施工費や施工期間を削減することができる。そのため、ジオリスクを組み入れ資源を有効に活用したリスクマネジメントシステムは、施工者に大きな好機を提供する。

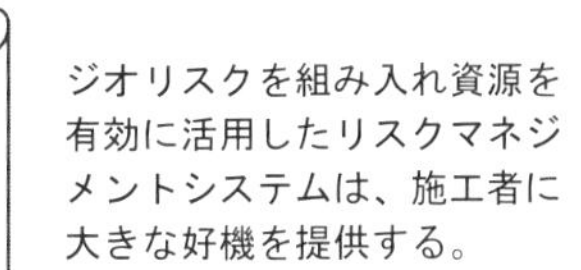

6.2　契約上のリスク配分の認識（19）

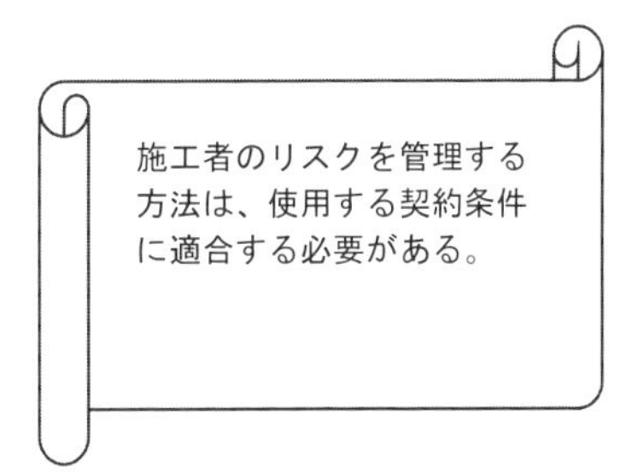

地盤状況の変化に起因する施工者のリスクは、発注者によって用いられた契約条件の影響を強く受ける。施工者のリスクを管理する方法は、使用する契約条件に適合している必要がある。発注者が、契約を通じ

て、地盤関連リスク（例えば、よく知られたICE契約条項の第12条）のいくつかを事実上受容する場合、施工者はすべての予期せぬ地盤状況が認識および記録され、それらの工期や施工費への影響が評価されていることを確認するためのシステムを導入するべきである。

地盤関連リスクが施工者に引き渡される場合、プロジェクトに悪影響を及ぼす可能性のある地盤状況の変化を早い段階で認識する必要がある。それによって再設計や別工法を検討することが可能になるからである。

6.3 施工におけるジオリスクマネジメントの適用開始 (20)

すべてのケースにおいて、できる限り早くリスクメネジメントシステム（図-9参照）を導入するか、あるいは地盤関連リスクを包含するよう変更すべきである。地盤ハザードやジオリスクは入札中か契約の交渉中に特定するべきである。仮設工事に関連したリスクは、事前に予見するのが困難であるため、一緒に含めて考える必要がある。地盤関連リスクの財務上の影響を含むリスクモデリングが役立つであろう。

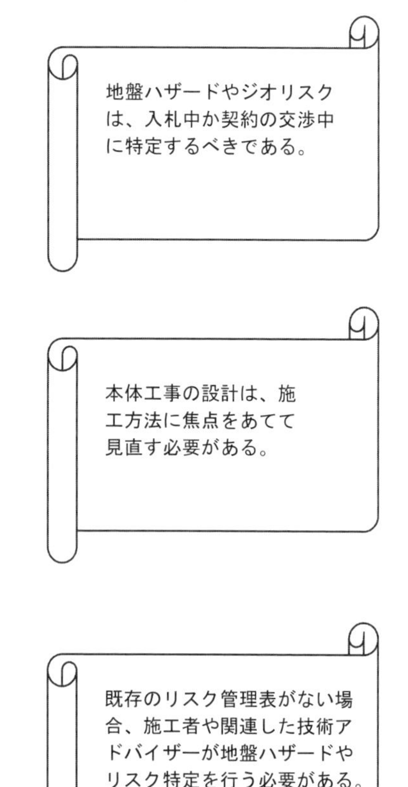

リスク管理表（表-5および付録A参照）は、発注者あるいは設計者のいずれかから受け取るべきである。施工の詳細の多くは事前に知られていないことを認識し、本体工事の設計の妥当性が考慮されなければならない。

リスク管理表を見直し、提案された施工法に焦点をあてて、工事の開始前に変更する必要がある。さらに、リスクが実際に遭遇する妥当な許容レベルまで実務上可能な限り縮減されることを、施工中に定期的に確認すべきである。

既存のリスク管理表がない場合、施工者や関連した技術アドバイザーが地盤ハザードやリスク特定を行う必要がある(第5章参照)。この段階で仮設工事は、通常軟弱で変化が激しい地表付近の地盤を相手にするため、特に危険性が高いことが知られている。仮設工事のリスクをコントロールする最も効果的な方法は、柔軟な設計を行い、施工と同時に観測、調査を実施し地盤状況の把握を行うことである。深刻な地盤関連の仮設工事リスクがある場合、地盤専門家は現場で施工中の評価を行うべきである。そして、地質調査を必要に応じて追加することになる。

6.4　本体工事の設計に対する地盤工学的検討 (21)

施工者が設計の責任を取るところはどこでも、本体･仮設工事のいずれに対しても、地盤ハザードを特定しリスクを管理するため、設計の専門家が上述のガイドラインを採用することを確認すべきである。

本体工事の設計に対する地盤工学的検討はできるだけ早く実施すべきである。

本体工事の設計に対する地盤工学的観点からの検討はできるだけ早く実施すべきである。さらに、ジオリスクを再検討することで、地盤関連工事の再設計により施工が安全で早く、また安価に行えるような機会を見出すべきである。地盤状況は工期やコストに大きな影響を持っており、異なる工法が重大なリスクの減少や回避をもたらす可能性もある。一例として、設計における杭種の選定ミスは、コスト、工期および紛争に対して非常に大きな影響を持つことになる。構造物を支持する杭の種類を変更する場合の工期の遅延は、施工の初期段階であればいっそう、誤った杭を用いることに比べれば良しとすべきであろう。

ジオリスクを見出し地盤関連工事の再設計により、施工が安全で早くあるいは安価に行えるようにすべきである。

6.5　地盤関連施工技術の影響の特定 (22)

地盤関連施工技術（例えば、杭打ち、掘削時の地下水低下、仮土留工法）は、施工者に採用されることが増えている。コスト、成功経験、そして問題回避のための限定された概略設計は、施工者にとって任意の現場で使用される特定の工法を選定する要素としてよく用いられる。選択した特別な工法とそれに関連した特殊装置は、新たなジオリスクをもたらす可能性があるためリスク管理表に追加し管理する必要がある。この段階で、仮設工事や特殊土工の詳細設計のために必要となるデータを得るため追加地盤調査が必要となる。

仮設工事や特殊土工の詳細設計のために必要となるデータを得るため追加地盤調査が必要となる。

6.6　コミュニケーション (23)

設計や施工が下請けされる場合、元請企業は予想される地盤状況を関係者に周知すると共に、リスク管理表からの関連情報を有効活用させる。土工専門業者を、リスクマネジメントプロセスに含める必要がある。それは、かれらが専門知識を養い、リスク管理表およびジオリスク分析と対応の継続的なプロセスを体験できるようにするためである。

設計や施工が下請けされる場合、元請企業は予想される地盤状況を関係者に周知すると共に、リスク管理表からの関連情報を有効活用させる。

6.7　地盤状況の観測と記録 (24)

請負業者は、施工中の実際の地盤状況と挙動について実務的に観測、モニタリングおよび記録する必要がある。リスク管理表は、新しい情報が利用可能になった時や、施工中に予想されたリスクが出現しなかったり、あるいは対処することになった場合に更新する必要がある。

上記のデータは、発注者が主な地盤関連リスクを負担する契約条件下において、予期せぬ地盤状況に起因した変更増額の支払いを要求する際に不可欠となる。それらはまた設計者がプロジェクトの設計の妥当性を評価するためにも利用できる。

観測された地盤状況と予想された地盤状況の比較は、追加費用の発生や工事遅延が深刻になる前に設計変更を許容するという差し迫った問題に対し、早期に警告を与えることができる。

請負業者がリスクを負担するかどうかについて、実際に確認された地盤状況と当初予想された地盤状況の比較は、追加費用の発生や工事遅延が深刻になる前に設計変更を許容するという差し迫った問題に対し早期に示唆を与えることができる。設計者は、どこで働いていようが、地盤状況が予想から大きく離れるたびに即座に連絡を受けるべきである。

6.8　モニタリングと観測手法 (25)

ある環境下において、リスクの高いプロジェクト(例えば、都市トンネル、アースダム、原子力施設）や、施工中に新たな情報を獲得し設計を修正できるような本体／仮設工事の場合のいずれも、主要な指標（例えば、掘削における切梁荷重、地表面沈下）を測定することは価値のあることである。

モニタリングは、複雑で高価であり、施工時に専門的な地盤工学の知識が必要となる。しかし、地盤強度に関連する多くの不確実パラメーターが存在すると考えられる場合や、施工費に大きく影響する保守的な設計が行われている場合には特にモニタリングの価値があると言える。

6.9　フィードバック (26)

施工中の観測やモニタリングの結果は、予期せぬ挙動を発見するのに役立つよう設計者にフィードバックしなければならない。予期せぬ挙動が見つかり施工の欠陥が認識された場合、便益性があり再設計が可能であれば工法が変更される。

施工中の観測やモニタリングの結果は、予期せぬ挙動を発見するのに役立つよう設計者にフィードバックしなければならない。

施工に引き続き、ジオリスクマネジメント実施中に収集されたデータは、リスクマネジメントシステムの継続的改善のためにプロジェクトのすべての関係団体による再吟味が行われるべきである。

地熱ボーリング

参考文献

豪雨による河川災害現場

1. Construction Task Force (1998). Rethinking Construction. DETR, London.
2. ISO/TMB Working Group on Risk Management. Unpublished.
3. A. P. Tyrrell, L. M. Lake and A . W Parsons (1983). An Investigation of the Extra Costs Arising on Highway Contracts. Supplementary Report SR814. Transport and Road Research Laboratory, Crowthorne.
4. Mott MacDonald and Soil Mechanics Ltd (1994). Study of the Efficiency of Site Investigation Practices. Project Report 60. Transport Research Laboratory, Crowthorne.
5. P. G. Fookes (1997). Geology for engineers: the geological model, prediction and performance. Quarterly Journal of Engineering Geology, 30(4), 293-424.
6. P. Wheeler (1999). Scattering predictions - Imperial College predictions competition shows pile design remains a big uncertainty. New Civil Engineer, 2 December, 34.
7. J. B. Burland and M.C. Burbidge (1985). Settlement of Foundations on Sand and Gravel, Proceedings of the Institution of Civil Engineers Part1 Desigh and Construction, vol.78, 1325-1381.
8. P. S. Godfrey (1996). Control of Risk-A Guide to the Systematic Management of Risk from Construction. CIRIA Special Publication 125. CIRIA, London.
9. Institution of Civil Engineers/Institute of Actuaries (1998). Risk Analysis and Management for Projects-The Essential Guide to Strategic Analysis and Management Risk. The RAMP Report. ICE/IA, London.
10. P. Simon, D. Hillson and K. Newland (1997). Project Risk Analysis and Management Guide.The PRAM Report. Association of Project Management, High Wycombe.
11. CIRIA RiskCom. Software tool developed by H. R.Wallingford, University of Bristol, Currie & Brown and Sir Robert McAlpine for CIRIA. Available early 2001 from CIRIA, 6 Storey's Gate, London SWIP 3AU.
12. H. R. Wallingford (2000). Developing a Risk Communication Tool (RiskCom). Report on Research Methodology. Funders Report, CIRIA Research Project RP59I.CIRIA, London.
13. P. S. Godfrey (1996). Control of Risk-A Guide to the Systematic Management of Risk from Construction. CIRIA Special Publication 125. CIRIA, London.
14. Construction (Design and Management) Regulations. Statutory Instrument No. 3140, 1994; amended by Statutory Instrument No. 1592, 1996.
15. Health and Safety Executive (1999). Five Steps to Risk Assessment. HSE Books, London.
16. Health and Safety Executive (1998). Managing Health and Safety. Five Steps to Success. HSE Books, London.

17. Health and Safety Executive (1999). Reducing Risks, Protecting People. HSE Discussion Document. HSE Books, London.
18. Health and Safety Executive (1997). Successful Health and Safety Management. HSE Books, London.
19. R. Flanagan and G. Norman (1993). Risk Management and Construction. Blackwell Science, London.
20. C. Boothroyd and J. Emmett (1996). Risk Management A Practical Guide for Construction Professionals. Witherby, London.
21. P. A.Thompson and J. G. Perry (eds) (1998). Engineering Construction Risks-Implications for Project Clients and Project Managers.Thomas Telford, London.
22. Institution of Civil Engineers/Faculty and Institute of Actuaries (1998). Risk Analysis and Management for Projects (RAMP). ICE/FIA, London.
23. Highways Agency (1996). Value for Money Manual. HMSO , London.
24. British Standards Institution (1992). BS 7750: Specification for Environmental Management Systems. BSI, Milton Keynes.
25. Department for the Environment,Transport and the Regions (2000). Guidelines for Environmental Risk Assessment and Management. DETR, London.
26. Health and Safety Executive (1997). Successful Health and Safety Management. HSE Books, London.
27. Health and Safety Executive (1998). Managing Health and Safety. Five Steps to Success. HSE Books, London.
28. G. S. Brierley (1998). Subsurface Investigations and Geotechnical Report Preparation. In: D.J. Hatem (ed.). Subsurface Conditions. Risk Management for Design and Construction Management Professionals, Chapter 3. Wiley, New York.
29. G. Pahl and W. Beitz (1996). Engineering Design. A Systematic Approach. Springer-Verlag, London.
30. R. Flanagan and G. Norman (1993). Risk Management and Construction. Blackwell Science, London.
31. D. F. Turner and A.Turner (1999). Building Contract Claims and Disputes, 2nd edition. Longman, London.
32. The Technical Committee on Contracting Practices of the Underground Technology Council (1989). Avoiding and Resolving Disputes During Construction. American Society of Civil Engineers, Reston.VA..

33. British Geotechnical Society. Geotechnical Directory of the UK.
34. D.J. Hatem (ed.) (1998). Introduction. In: Subsurface Conditions. Risk Management for Design and Construction Management Professionals. Wiley, New York.
35. M. Latham (1994). Constructing the Team. Final report of the Government/Industry Review of Procurement and Contractual Arrangements in the Construction Industry. HMSO, London.
36. R.J. Conlon (1989). On being a Geotechnical Engineer. In: E.J. Cording,W.J. Hall,J. D. Haltiwanger.A. J. Hendron and G. Mesri (eds). The Art and Science of Geotechnical Engineering at the Dawn of the Twenty-first Century, pp. I-I I. Prentice Hall, Englewood Cliffs, NJ.
37. G. B. R. Fielden (1963). Engineering Design.The Fielden Report. HMS
O , London. Quoted in J. C.Jones (1992). Design Methods.Van Nostrand Reinhold, New York.
38. C. R. I. Clayton, M. C. Matthews and N. E. Simons (1995). Site Investigation. Blackwell Science, London.
39. Z.T. Bieniawski (1993). Design Methodology for Rock Engineering-Principles and Practice. In:J. A. Hudson (ed.) Comprehensive Rock Engineering-Principles, Practice and Projects,Volume 2, pp. 779-794. Pergamon Press, Oxford.
40. R. B. Peck (1969).Advantages and Limitations of the Observational Method in Applied Soil Mechanics. Géotechnique, 19(2), 171-187.
41. J. A. Hudson (1992). Rock Engineering Systems - Theory and Practice. Ellis Horwood, Chichester.
42. D. I. Blockley (1993). Uncertain Ground: On Risk and Reliability in Geotechnical Engineering. Proceedings of the Institution of Civil Engineers Conference on Risk Reliability.Thomas Telford, London.
43. D. Nicholson, C.-M.Tse and C. Penny (1999). The Observational Method in Ground Engineering: Principles and Applications. CIRIA Report RI85. CIRIA, London.
44. Health and Safety Executive (1998). Managing Health and Safety. Five Steps to Success. HSE Books, London.
45. Health and Safety Executive (1999). Five Steps to Risk Assessment. HSE Books, London.
46. Euro Log Ltd (2000). Project Risk Management Software Directory. Association of Project Management.
47. Construction Industry Computing Association.

付録A

リスク管理表

地震で発生した大規模地すべり

A.1　はじめに

リスク管理表は、認識されたリスクとその重要性を文書化し、それらを管理するための措置を記録する手段として広く使用されるようになってきている。リスク管理表は、非常に簡易な文書であり、特殊な建築物や建設プロジェクトにおいて、情報が各種の組織間あるいは同じ組織内で働く別の部署間で情報を共有する際の強力なコミュニケーション手段である。

この付録は、リスク管理表の主要な要素を示すとともに、多くの大手建設会社で使用されてきたジオリスク管理表の例を示す。ただし、本書発行時点(2001年）においては、準拠すべきリスク管理表の標準形式として合意されたものはない。読者は、自分のニーズに最もふさわしい実例の要素を採用すればよい。

A.2　リスク管理表の作成および使用方法

リスク管理表は、安全衛生のリスク管理のプロセスの一部として、その最も単純な形式で使用されることが多い。安全衛生庁（HSE）は、「安全衛生管理」[44]と「リスクアセスメントの5ステップ」[45]に関するパンフレットにおいて、極めて簡潔なプロセスのガイドを提示している。本節においては、典型的なリスク管理表を構成する要素について説明する。

(1) リスクマネジメントシステム

リスク評価は、組織の幹部（経営者および管理者）によって構築されるリスクマネジメントシステムの一部として実施される（第3章図-9参照)。最初に、組織内の上級管理者がリスクマネジメントのための方針を定義することが必要である。組織は、方針を作成する際に、現時点で想定されるコストとジオリスクマネジメント手順を正式に導入したときの概略費用や便益について評価したうえで、その達成目標を検討し説明しなければならない。この方針は、いったん定義されると以下のための基本として用いられる。

- 日常的に実行される手順の構築
- 有効なリスクマネジメントとするための責任の分担

- 人材や設備に関する十分な資源の確保
- 必要に応じた教育の提供
- 異なる組織間のコミュニケーションの確立
- 定期的な手順とマネジメントシステムの有効性の確認

(2) リスク評価とリスク分析

HSE によると、リスク評価は以下のステップからなる。

1. ハザードの調査
2. 誰がどのように影響を受けるかの検討
3. リスクの評価と既存の予防措置が適切かどうか、あるいは追加措置が必要かどうかの判断
4. 結果の記録
5. 必要に応じて、評価の吟味と見直し

ジオリスクの評価と分析の主要な要素は類似している。以下は、英国の多くの企業によって現在使用されている実務の総括である。

1. 現場に存在する地盤ハザードを推測
2. 施工可能な工法を特定
3. 可能な施工方法の組合せと地盤状況に関連付けられるリスクを決定
4. 可能性と影響（例えばコストや工期の増加）によるリスクのランクづけ
5. 各リスクの重大さに基づき要求される措置の種別の決定
6. 各リスクのプロジェクトの特定のフェーズへの関連づけ
7. 各リスクの管理方法や管理者の決定
8. 各リスクを管理するために取られた措置の記録
9. 各リスクの措置後の重大さの再評価
10. 定期的なリスク管理表の見直しと、新しいリスクの追加および対処されたリスクの削除

11. コミュニケーション

多くのリスク評価システムは、HSE とは異なり、ハザードとリスクを区別していない。この区別は本質的ではないが、ジオリスクに対処するための最良の方法の一つはそれを避けることであるため、地盤に関連したリスクにおいてはこの区分は有効である。

小規模な建築現場に対するリスク評価の場合、現場において次のハザードをできるだけ特定することになろう。

- 旧埋立
- 汚染土壌
- 圧縮性の粘土
- 硫酸塩生成土あるいは酸性土
- 木と生垣
- 高い地下水位
- 分解特性（石灰岩あるいはチョーク）
- 傾斜地
- 凍結しやすい土
- 採鉱履歴
- 採石場や堀の埋戻し跡地
- 溶解特性（石灰岩あるいはチョーク）
- 軟弱箇所
- 考古学的遺跡

これらのハザードがリスクに変換されるかどうかは、例えば以下のような多くの要因に依存する。

表 **A. 1**　圧縮性粘土上の建築物

ハザード	プロジェクトの特徴	環境	好ましくない事象	結果
圧縮性粘土	浅い基礎	浅い地下水を必要とする木々	粘土の圧縮と膨潤による基礎の変位	建物の構造的な損害

- 現場内の建築物の位置
- 使用される基礎のタイプと深さ
- 構造物の不等沈下への対応性
- 基礎に使用されるコンクリートの種類

例として圧縮性の粘土上の建物の浅い布基礎の使用を考えてみる。もし現場で木々や生垣が成長している場合、これは危険と考えるべきであろう。表A.1が示すように、結果（この場合、建物の構造的な損傷）は、プロジェクトの特徴や環境、さらに望ましくない事象の性質など多くの要因に依存している。結果に対するハザードに関連した全部または一部の要因に注目することで、リスクを減少させることが可能となる。例えば、建物は木や生垣から離れて設置することができるであろうし、あるいは建物は独立基礎ではなく杭基礎の上に設置することができるかもしれない。地下水が十分に高いことが判明した場合、乾燥やそれに伴う粘土の収縮なしで木の水分需要が満たされるため、沈下や膨潤の可能性は少なくなるであろう。

リスクが回避できるかどうか、その重大さを推定することが賢明である。このプロセスは、リスク分析と呼ばれている。リスクの程度は、特異な環境下において与えられたハザードから損害、損失または危害の予測されたインパクトである。通常のリスクは次のように表される。

リスクの程度R＝可能性L×影響E

特定のイベントが発生する可能性は、表A.2の2つの例で示すように、定性的な尺度で判断される。

不利な事象が実際に発生するリスクの影響（時々、インパクトや結果と呼ばれる）は、一貫した枠組みの中で専門家の意見を使用することにより質的にも評価される。

リスクは、ハザードと建設されるものの脆弱性の組合せに起因する。たとえ損害がありそうだと評価される可能性があっても、あらゆるリスクの重要性はリスクを取る個人や組織のリスク許容度に依存する。小さな建築会社にとって

表 **A.2**　リスクの定性的な尺度

等級	可能性 L	業務区分毎のリスク発現の見込み
4	あり（Probable）	1/2 以上
3	ありうる（Likely）	1/10 ～ 1/2
2	ありそうにない（Unlikely）	1/100 ～ 1/10
1	無視できる（Negligible）	1/100 以下

等級	可能性 L	業務区分毎のリスク発現の見込み
5	ほぼ確か（Almost certain）	> 70%
4	あり（Probable）	50 ～ 70%
3	ありうる（Likely）	30 ～ 50%
2	ありそうにない（Unlikely）	10 ～ 30%
1	無視できる（Negligible）	< 10%

数千ポンドの損害は極めて深刻であるが、大手のデベロッパーにとってはたいしたことではないであろう。

リスク許容度はそれぞれの個人や組織に依存するため、各企業や主要なリスクタイプ（例えば、財務、安全衛生、環境）、そして時として個々のプロジェクトに対してリスクのスケールを確立する必要がある。表 A.3 にその一例を示す。

表 **A.3**　リスクの許容度

等級	影響 E	コストや時間の増加
4	非常に高い（Very high）	> 10%
3	高い（High）	4 ～ 10%
2	低い（Low）	1 ～ 4%
1	非常に低い（Very low）	< 1%

表 **A.4**　リスクのスケール

リスクの程度 R （R=L×E）	リスクのレベル	必要な対応
1 ～ 4	ささいな（Trivial）	なし
5 ～ 8	重要な（Significant）	より費用便益性の高い解決策を検討するか追加コストなしで改良する
9 ～ 12	本質的な（Substantial）	リスクが減少するまで作業を停止する 追加資源が必要
13 ～ 16	致命的な（Intolerable）	リスクが減少するまで作業を停止する リスクが減少しない場合、プロジェクトを進行させない

等級は1～4あるいは1～5が一般的である。等級1～4は限定的であり、専門家に「どっちつかず」の判断を与える中央点ではない。これらのシステムを使用することは、与えられたリスクの影響度合いを表右端の列の数値を確認しながら判断し対応することが求められる。

リスクの程度を得るために、可能性と影響の二つの評価の積から定性的なスケールとして判断される。その例を表A.4に示す。

これらの3つの表（表A.2～A.4）のデータは、ユーザー（専門家）のリスクに対する感度を表現している。繰り返しになるが、使われているのは4、5段階のレベルだけである。重要なことは、各リスクのクラスに対して取られる対応は、組織のリスク管理方針の一部としてあらかじめ定義されていることである。

(3) リスクへの対応

リスクに対する古典的な戦略は次の形式をとる。

- 回避
- 回避不能な場合、移転
- 移転不能な場合、低減
- 低減不能な場合、受容と管理

理想的には、微小なリスクは受容して管理すべきであるが、実際にはこれが常に可能とは限らない。上記の例とし、過去に埋め戻された採石場の上に建設される浅い基礎の建造物のリスクは、採石場の近くを避け離れた場所に建築しなおすべきである（「回避」）。またリスクは、別の関係者（例えば、専門職業賠償責任保険をかけて設計者を雇用する）、あるいは別の一連のリスク（例えば杭基礎の採用）に「移転」することができる。リスクは、地盤改良や剛性の高いラフト基礎と組み合わせることで「低減」できるであろう。これらの適用可能で適切な対策がない場合、リスクは「受容と管理」されるべきである。あるいは、施工中にリスクが実際に発現するときに警告するため、基礎の掘削トレンチにおいて地盤状況の観測が行われるであろう。

特定のプロジェクトにおけるリスク評価は、各種の目的（例えば、安全衛生、財務）だけでなく、契約上の他組織（発注者、設計者、建築施工者など）によっても実施される。また、ジオリスクを取り扱う段階は多くのものがある。例えば、プロジェクト計画段階、設計段階、施工段階、あるいは施工後の供用段階などである。各リスクの評価は、それぞれのリスクを取り扱うだけでなく、誰がどの時期に取り組むかも決定すべきである。例えば、ビルの開発におけるジオリスクは、デベロッパー、建築業者、建築家、構造設計者および特殊土工工事者の間で引き渡されるであろう。このとき、良好なコミュニケーションとリスクの責任の明確な委任が不可欠である。

(4) リスク管理表の伝達

リスク管理表は、各組織内や組織間でリスクに関する情報を効果的に伝達できるように、これらのすべてのデータやすべての判断を記録する単純でコンパクトな手段である。典型的なリスク管理表（標準的なスプレッドシートに集めて集積されたもの）には次のものを含めることがある。

- 現場におけるすべてのハザード
- これらのハザードに起因して特定されたリスク
- 各リスクの程度の予測
- 計画された対応
- プロジェクトのどの段階で誰が対応を図るか
- 対応による影響予測
- 発現可能性のあるリスクに対する財務負担は誰が負うか

リスク管理表の一部の例を表 A.5 および表 A.6 に示す。マネジメントシステムは、どの段階やどの程度の頻度でリスク管理表を更新するかを定義する方針を含む必要がある。例えば、設計者に引き渡されたジオリスクの多くは、設計時に削除され、管理表にそのことが記録されるべきである。また建設中の残余リスクは、建築業者とデベロッパーによって理解される必要がある。さらに、地

表 **A.5**　小規模建築に対するリスク管理表の一部の例（初期リスク分析）

リスクID	ハザード	好ましくない事象	結果	コントロール前のリスク L	E	R
1a	基礎面の軟弱土あるいは緩い土	基礎荷重による土の破壊	基礎の破壊	**2**	**4**	**8**
1b		基礎の過大な沈下	上部工の損害	**3**	**3**	**9**
2	酸性あるいは硫酸塩を含有する土	基礎コンクリートへの化学的腐食	基礎の破壊	**3**	**2**	**6**
3a	高い地下水位	土の不安定化	基礎トレンチの崩壊	**2**	**3**	**6**
3b		基礎トレンチの地下水位	トレンチ内の水によるコンクリート固結への影響	**2**	**2**	**4**

（注）**L**：可能性の等級、**E**：影響の等級、**R**：リスクの程度（**R**=**L**×**E**）。

表 **A.6**　小規模建築に対するリスク管理表の一部の例（対応）

リスクID	結果	対応	時期および担当者	コントロール後のリスク L	E	R	財務リスク負担
1a	基礎の破壊	基礎トレンチ掘削時に土質試験、必要に応じてより深くも	施工中 土工工事会社	**1**	**4**	**4**	建築会社
1b	上部工の損害	基礎と上部工の変位差の影響を最小化するよう設計	設計中 構造および地盤設計者	**3**	**1**	**3**	デベロッパー
2	基礎の破壊	土の **pH** 試験および硫酸塩含有量試験 適切な種類のコンクリート使用	地質調査中 地質調査会社	**1**	**1**	**1**	デベロッパー
3a	基礎トレンチの崩壊	地下水位の決定、必要に応じてトレンチ土留工	地質調査中 土工工事会社	**1**	**2**	**2**	建築会社
3b	トレンチ内の水によるコンクリート固結への影響	施工開始時の地下水位決定 釜場排水の開始	地質調査中 土工工事会社	**1**	**2**	**2**	建築会社

（注）**L**：可能性の等級、**E**：影響の等級、**R**：リスクの程度（**R**=**L**×**E**）。

盤条件が公開されると、それが再評価され必要に応じて対応することができる。

A.3　リスク管理表の例

本節では、英国の主要な建設会社数社によって提供された最近のプロジェクトのために使用されたリスク管理表を例示し、それぞれの開発経緯とその主要な要素につい述べる。

(1) AMEC Civil Engineering

ここでは三つの例を示す。表 A.7 は、イングランド南東部の主要な建設プロジェクトで使用中のリスク管理表から選択された項目の抜粋である。特定された項目はハザードを示しており、これは施工の実施や量的・時間的なばらつきをもたらす原因に対するものである（例えば、斜面安定のためのネイリング、あるいは舗装基盤の特殊な再設計）。施工者は、設計図書および彼の費用に含まれる項目を認識することになる。施工者の管理表の月報は、重要な変化や今後の計画を対象とする。

表 A.8 は、仮設工事の設計に対するリスクを評価する一般的な例であり、支持力（例えば、トラッククレーン、掘削斜面）を扱ったものである。特定された項目は、プロジェクトに特有のハザードとして追加すべきチェックリスクになる。このリストは、将来のプロジェクトに際してのリマインダーとして「教訓」にも拡大できるものである。

表 A.9 は、現行のプロジェクトに対する一般的な形式の適用例であり、海上昇降式プラットフォームを不規則な海底岩盤に 1 脚あたり 500 トンの載荷をする事例である。接地圧は 150MPa を超え、脚への一連のプレロードと供用中における検査により、安全な場所であることを示すことが不可欠である。

表 A.10 にリスクのデータシートを示す。

表 A.7　リスク管理表から選ばれた項目

設計者のハザード特定

amec

日付　1999.5.12

No.	WBS	ハザード	対策計画	No.	行動	担当	時期	完了	完了理由
25	330	地域Ⅰのディーンホール[注]、施工中／後の崩壊リスク	施工前に必要な詳細調査と、可能性の高い箇所でのリスク減少のための早急な追加土質調査	1	H&S 計画に含まれる情報と警告	SG	1998. 10. 1	Y	契約文章に含まれる
				2	回避、完了	MD	1999. 3. 9	Y	回避
789	330	鉱山作業ー亜丹第5地区	1. 地域の歴史と関連採鉱記録の確認 2. 不測の事態に備えた緊急時対応計画策定	1	調査結果の請負者への連絡を継続	SG	1998. 10. 1	Y	現場チームが対応
				2	H&S 計画への情報の包含	SG	1998. 10. 1	Y	報告書に含まれる
				3	調査結果の請負者への連絡	TR		N	
3354	330	高濃度の硫酸塩と塩化物による構造物へのリスク	硫酸腐食から分離できそうなメンブレンを追加する規定を含む、腐食に抵抗する構造設計。地質調査報告書を参照	1	発注書に地盤情報を含める	BG	1997. 6. 18	Y	対応完了
				2	追加メンブレンが不要であることを決定	PK	1999. 3. 9	Y	
				3	BRE による設計。要約 363 によるセメント比	PK		Y	

施工者のリスク管理表

日付：2000.1.20

No.	リスク	保有者	対策計画	最終レビュー	限界日	重要度	活動	完了
2822	ﾌｯﾄﾌﾞﾘｯｼﾞ杭、不明な業務や障害	KG	地質調査の追加	2000. 7. 26	終了	1	試掘	Y
5215	予期せぬ土壌汚染の発見	CE	過去に用意した詳細手順の適用	2000. 1. 19	途上	1	管理計画 No. 00007-01	
3. 5	ディーンホール(注1)	CE	存在の確定	2000. 1. 19	途上	1	放射能探査 地歴調査	
3. 14	スワローホール(注2)／溶解の特徴	CE	存在の確定	2000. 1. 19	途上	2	放射能探査 地歴調査	
11. 4	亜炭採掘	KG	必要に応じて調査	2000. 1. 19	途上	1	除去の許可	

（注1）　チョーク層に掘られた古代の縦坑.

（注2）　溶解によってできた地面のくぼみ.

表 A.8　一般的な例（AMEC Civil Enginerring）

AMEC Capital Projects Limited

amec

建設部門　契約／入札　リスク管理表

専門ビジネス　プロジェクト番号　総称

確率（P）		インパクト／結果（I）		時間とコストへの影響（£）契約に適合するよう修正		リスク格付	リスク P×I＝R	対応
可能性が非常に高	5	非常に高い	5	完成に 10 週以上	1,000,000	致命的	17〜25	非許容
可能性が高い	4	高い	4	完成に 1 週以上	100,000〜1,000,000	致命的	13〜16	非許容
可能性がある	3	普通	3	完成に 1〜4 週	10,000〜100,000	本質的	9〜12	早期の注意
可能性が低い	2	低い	2	完成に 1〜4 週要せず	1,000〜10,000	致命的でない	5〜8	通常の注意
無視できる	1	非常に低い	1	1 週以下の活動 完成に時間要せず	1,000 未満	ささいな	1〜4	監視

	確率（P）				
	無視できる	可能性が低い	可能性がある	可能性が高い	可能性が非常に高い
結果	1	2	3	4	5
5	5	10	15	20	25
4	4	8	12	16	20
3	3	6	9	12	15
2	2	4	6	8	10
1	1	2	3	4	5

ハザード／リスク	原因	管理前			インパクト／結果	対応／管理 回避・移転・低減・受容	管理後			時間	コスト	リスクシート	保有者	レビュー日付	状況
		P	I	R			P	I	R						
支持力	軟弱土	5	5	25	崩壊	最大支持力の計算	2	4	8						
						最大寸法の決定	2	3	6						
						2B の深さまでの地質調査	2	4	8						
	地盤傾斜	3	4	12	崩壊	支持力の減少	2	4	8						

（続く）

	採掘／空隙	5	5	25	崩壊	最低 20m までの地質調査	2	4	8						
	施工基面のならし	3	4	12	過大沈下	砂利埋め戻し前の検査	2	3	6						
	施工基面の目詰まり	3	4	12	過大な量	最終掘削での注意	2	2	6						
	コンクリートの化学的腐食	3	5	15	段階的な構造破壊	土と地下水の採取と試験	2	3	6						
切土斜面															
斜面の高さ	過大掘削	5	5	25	斜面崩壊	設計で限界を定義	2	4	8						
斜面の傾斜	適切な空間	5	5	25	斜面崩壊	設計で限界を定義	2	4	8						
						必要に応じて検査と修正	2	4	8						
天端の荷重	重機、掘削土	5	5	25	斜面崩壊	設計で限界を定義	2	4	8						
斜面の地層	傾斜地層	4	5	20	斜面崩壊	ボーリングあるいは試掘孔での調査	2	4	8						
斜面下地層	傾斜地層	4	5	20	斜面崩壊	法尻下Ｄの深さまでのボーリング調査	2	4	8						
地層の強度	弱過ぎ	4	5	20	斜面崩壊	ボーリング、サンプリング、および土質試験	2	4	8						
	短期／長期	4	5	20	斜面崩壊	ボーリング、サンプリング、および土質試験	2	4	8						
地下水圧	過剰水圧	4	5	20	斜面崩壊	間隙水圧計の設置・モニタリング	2	4	8						
地盤の膨れ上がり	応力解放	4	4	16	構造破壊	粘土の試験	2	4	8						
残土の廃棄	深い掘削	4	4	16	廃棄費用	再利用・力学・汚染の試験	2	3	6						
						廃棄・力学・汚染の試験	2	3	6						

表 A.9　一般書式への適用例（**AMEC Civil Enginerring**）

amec

AMEC Capital Projects Limited

建設部門　　契約／入札：EXAMPLE 3　　リスク管理表

専門ビジネス　　プロジェクト番号：00/063　　日付：2000.4.9

確率(P)		インパクト／結果(I)		時間とコストへの影響(£) 契約に適合するよう修正		リスク格付	リスク P×I＝R	対応
可能性が非常に高	5	非常に高い	5	完成に 10 週以上	1,000,000	致命的	17〜25	非許容
可能性が高い	4	高い	4	完成に 1 週以上	100,000〜1,000,000	致命的	13〜16	非許容
可能性がある	3	普通	3	完成に 1〜4 週	10,000〜100,000	本質的	9〜12	早期の注意
可能性が低い	2	低い	2	完成に 1〜4 週要せず	1,000〜10,000	致命的でない	5〜8	通常の注意
無視できる	1	非常に低い	1	1 週以下の活動完成に時間要せず	1,000 未満	ささいな	1〜4	監視

	確率(P)				
	無視できる	可能性が低い	可能性がある	可能性が高い	可能性が非常に高い
	1	2	3	4	5
結果	5	10	15	20	25
	4	8	12	16	20
	3	6	9	12	15
	2	4	6	8	10
	1	2	3	4	5

	ハザード／リスク	原因	管理前			インパクト／結果	対応／管理 回避・移転・低減・受容	管理後			保有者	リスクシート	レビュー日付	状況
			P	I	R			P	I	R				
1	地点 N1 脚の海底地盤への貫入	地盤状況	5	5	25	プラットフォームの運用妨げ、作業遅延	ボーリングデータの見直し	2	5	10	Des 1	1	2000.7.20	完了
							推定限界の計算	2	4	8	Des 1		2000.7.25	完了
							海底のビデオ撮影	2	4	8	Des 2		2000.8.11	完了

（続く）

							脚のプレロード制御	1	4	4	Des 2		2000.8.12	完了
2	地点 S1 脚の海底地盤への貫入	地盤状況	5	5	25	プラットフォームの運用妨げ、作業遅延	ボーリングデータの見直し	2	5	10	Des 1	2	2000.7.20	完了
							推定限界の計算	2	4	8	Des 1		2000.7.25	完了
							海底のビデオ撮影	2	4	8	Des 1		2000.8.28	完了
							脚のプレロード制御	1	4	4	Des 1		2000.8.29	完了
3	地点 S2 脚の海底地盤への貫入	地盤状況	5	5	25	プラットフォームの運用妨げ、作業遅延	ボーリングデータの見直し	2	5	10	Des 1	3	2000.8.20	完了
							推定限界の計算	2	4	8	Des 1		2000.7.25	完了
							海底のビデオ撮影	2	4	8	Des 1		2000.7.20	継続中
							脚のプレロード制御	1	4	4	Des 1			継続中
4	地点 N2 脚の海底地盤への貫入	地盤状況	5	5	25	プラットフォームの運用妨げ、作業遅延	ボーリングデータの見直し	2	5	10	Des 1	4	2000.7.20	完了
							推定限界の計算	2	4	8	Des 1		2000.7.25	完了
							海底のビデオ撮影	2	4	8				継続中
							脚のプレロード制御	1	4	4				継続中

表 A.10　リスクデータシート（AMEC Civil Enginerring）

AMEC Capital Projects Limited
建設部門　　　　　　　　リスクデータシート
専門ビジネス

amec

プロジェクト	サンプル　昇降式プラットフォーム	リスク No.	1.00
	地点　N1	リスク保有者	Con1
リスク分野	仮設工	リスク状況	完了
リスクカテゴリー	地盤状況	更新日	2000.8.25
リスク名称	脚サポート		
リスク概要	地点 N1における脚先の海底地盤への予期せぬ貫入		
原因	脚位置における地盤状況が不明		
	ボーリングデータの個所が非常に遠い		
	地盤がボーリングデータと異なる		
影響	プラットフォームの稼動の妨げ、作業の遅延		

（続く）

リスク格付け	確率　5	影響　5	格付け　25	対応　M
コントロール	ボーリングデータの的確な見直し			
	一般的な海底状況の確認のためのビデオ撮影			
	初期降下時における脚位置の海底の確認のためのビデオ撮影			
	ジャッキを引き抜く前の脚のプレロード操作のコントロール			
	それぞれの脚への通常の作用荷重を超える荷重のプレロード載荷のコントロール			
リスク格付け	確率　1	影響　4	格付け　4	対応　M
時間やコストに関するコメント				
検査およびプレロード操作が完了するのに 3 日間を要した				
行動計画			行動主体	行動レビュー
既往地盤データの見直し				
予想接地条件の計算				
位置決め前のビデオ撮影結果の見直し				
プレロード操作のコントロール				
学んだこと				
1. 海底硬質岩盤の局地的なぜい性破壊は、脚保持装置に衝撃荷重を与えることになる。				
2. ビデオ撮影は、良好な視界と低速海流を必要とする。				
3. 視界不良の海の条件において、初回海底検査を行う前に、プラットフォームを安定させるために、脚にいくらかの荷重を作用させることが必要である。				

(2) Bovis Lend Lease Ltd

このリスク管理表は、Bovis Lend Lease Ltd（現在、社名を Lend Lease Ltd に変更）の全社で用いられている代表的な書式であり、安全リスク管理から戦略的事業リスクまで使用されている。同社は建設プロジェクトの主要なグローバルマネージャーであり、自社のみならず最も重要なことは発注者の成功を勝ち取るための改善を目的として、あらゆるレベルでリスクマネジメントを使用している。

リスク管理表は以下のように用いられる。

- 特定されたリスクの程度を記録－主にプロジェクトに含まれるすべてのリスクに関する知識や経験の蓄積に基づく
- 定められた目的に影響するリスクの可能性の正しい評価
- この可能性を最小化させるとともに、予期せぬ機会から利益を導くために行われていることを記録

リスクマネジメントは、不確実性の評価の訓練を導入するという意味で、プロジェクトチームにとって重要な支援となる。同社は、チームに困難を引き起こすのは、プロジェクトの複雑さよりむしろ常に存在する不確実性にあることを見出した。

リスク管理表の重要な点は以下の通りである。

- リスク項目を特定し、他のリスクを探したり、また必要に応じて、それらとの関連づけを行ったり、あるいは今後の学習のための知識バンクに記録
- 現実に懸念されるものが何かを説明するためのリスクの十分な記述
- 必要に応じてさらなる情報を得るための情報源
- リスク発現の可能性や発現した場合の影響、あるいはその両者に対して、何を実施して「コントロール」あるいはそれ以外の管理が行われているか

- 誰が責任を負うか
- 例に示されるような進行状況を追跡する拡張機能

これらの内容は、リスクを軽減しようと努力するチームに対して、基本的なマネジメント情報を提供する。

同社は、多くの機能強化が可能と考えている。最初に検討することは、最も重要な問題にマネジメント活動を優先させるという方法論を加えることになるであろう。

ここにおける「評価」は、単純な低・中・高の区分で可能であるが、確率、影響および関数による洗練した定量化も可能である。ただし、この評価がリスクの負の側面を管理するという重要な一面があるということを忘れて、詳細な統計解析になるという危険性を常に有している。しかし一方で、統計解析は特に異なるシナリオ間や作業の投資配分のような財務的な複雑な判断において、唯一客観性を与えることができる。

表A.11は、大規模オフィースビルの開発における下部構造物の施工のための安全衛生のリスク管理表の例であり、山留め壁の設置、敷地の排水、杭の施工、2層の鉄筋コンクリート地下室の施工も含まれる。管理表は、設計者および施工者と共同して計画監理者によって作成された。管理表の所有権は、施工期間中は計画監理者になる。管理表は、設計者がリスクを特定し施工者へその情報を引き渡し、そして設計から施工の全期間においてリスクを減少させ、可能なら除去するために用いられてきた。それは完成後のビルの所有者と運用者に対して、安全衛生ファイルに含まれる関連情報を確認することによって、どのような残余リスクがあるかを知らせることにも用いられる。網掛けの項目はこれ以上の対応が不要なもので、そのため明らかに現在のリスクであることを示している。

経験によると、これは生きた文書であり、契約を通して使用・更新されるものであるため、極めて有効である。それが純粋な安全衛生リスク管理表であるにもかかわらず、広い意味での財務リスクを特定するためにも使用することができる。

表 A.11　安全衛生リスク管理表（Bovis Lend Lease Ltd）

No.	ハザード／項目	参考資料	リスク管理手法	リスク保有者	コメント	改訂
1000	山留め壁近傍の中堀杭、 ・先端の弱体化	S&G Designer 22.12.99	山留め壁の安定性は適切な先端根入れに依存する。山留め壁付近のすべての掘削は最初に基本契約で明確にしておくべき。必要に応じて山留め壁設計者および S&G 設計者にアドバイスを求める。	元請業者	最終建造物は構造的な強度に関して山留め壁を頼るわけではない。山留め壁設計者との打合せが行われ設計方針の合意を得た。S&G 設計者はそれに準じて設計した。手法の記述には専門工事業者も含める。	B
1001	山留め壁の過大荷重 ・構造破壊	S&G Designer 22.12.99	山留め壁の荷重は設計で示される上載荷重を限界とする。設計主任はすべての専門工事業者にアドバイスする。	元請業者	一般工法の記述を含む。	B
1002	杭打ち ・装置とプラントの回転 ・スプールのスピンオフ	S&G Designer 10.03.00	杭打ち専門工事業者は装置の回転を防止する。機械運転者に誘導員をつける。巻取りよりスポイルを取り除く方法を検討する。	元請業者	誘導員は運転者を支援する。機械の周辺の立入り禁止ゾーン。 作業完了。	B
1003	杭打ち－開口した孔 ・落下 ・孔壁崩壊	S&G Designer 10.03.00	杭打ち専門工事業者は、掘削孔への落下防止策を施す。 一時的にケーシングを杭打ちマットより上にして、いくつかの対策を施す。	元請業者	ボーリング孔を露出したケーシングや手すりで保護する。 作業完了。	B
1004	杭打ち－Thanet 砂における水位上昇 ・水位上昇による水の流出	S&G Designer 10.03.00	ゆっくりとした水の滲出でも甚大な人的被害になる。排水の運用システム水位を-30.0～-23.0mOD に維持する。専門工事業者は、孔壁を安定させるためにベントナイトや類似品を用いる必要がある。排水が機能し水位が十分下がるまで杭打ちを始めてはならない。	元請業者	排水は、工事中継続し毎日モニタリングを行う。 作業完了。	B
1005	杭打ち－鉄筋の突出 ・作業員の怪我	S&G Designer 10.03.00	専門工事業者が取り組む。先端キャップや類似品を使用する。	元請業者	先端キャップを使用した。 作業完了。	B
1006	閉塞空間でのガスの発生 ・酸欠 ・爆発	S&G Designer 10.03.00	沖積層や港湾のシルト堆積層からメタンが発生する可能性。 Lambeth 粘土の下部のチョーク層にトラップされている CO_2 が、杭打ちによる開放により発生する可能性。 元請業者から専門工事業者へのリスクと管理・測定の連絡。	元請業者	杭打ち工事完了。 掘削中はモニタリングを継続。 元請業者のリスクアセスメントを含む。	B
1007	第二次世界大戦の爆弾 ・爆発	S&G Designer 10.03.00	第二次世界大戦で爆弾投下が激しかった地域。 埋没爆弾が打撃により爆発するかもしれない。 完全・迅速な対応。対策は非常に困難。	元請業者	元請業者のリスクアセスメントを含む。	B

（続く）

No.	ハザード／項目	参考資料	リスク管理手法	リスク保有者	コメント	改訂
1008	杭打ちー天空障害、鉄道を含む ・打撃事故	S&G Designer 10.03.00	道路近傍をクロスする鉄道橋で、プラントに対する桁高の上限がある。鉄道橋の構造の下面は約+12mOD。測量で確認すること。プラント移動時に特に注意を要する。	元請業者	現場輸送計画を含める 杭打ちは完了。	B
1009	床版下の排水 ・トレンチと支保工の崩壊 ・トレンチの越水 ・トレンチへの落下	S&G Designer 17.03.00	対策設計は限定される。現場での排水。トレンチは崩壊からの適切に保護する。通常の予防策はハシゴと停止板／手すり。	元請業者	専門工事業者の安全対策計画を遵守。	B
1010	床版下の排水 ・鉄筋かご	S&G Designer 17.03.00	排水装置の鋼製固定具に適した取付の計画。鉄筋棒の先端の保護。適切なPPE（個人用防護具）の使用。	元請業者	専門工事業者の安全対策計画のチェック。	B
1011	床版下の排水 ・狭い空間、ガスの充満	S&G Designer 17.03.00	必要に応じて、「下水道における工事および汚水処理工事マニュアル」を参照する。	元請業者	専門工事業者の安全対策計画のチェック。	B
1012	床版下の排水 ・手動操作ーパイプおよび継手、ポンプ ・パイプ置き場の崩壊	S&G Designer 17.03.00	パイプ、継手およびポンプは重い。手動操作の評価が必要。積み重ねたパイプの的確な拘束。	元請業者	専門工事業者の安全対策計画のチェック。	B
1013	床版下の排水 ・汚水槽やマンホールへの落下 ・溝でのつまずき	S&G Designer 17.03.00	できる限り早くマンホールカバーをしてボルト締めする。これに先立ち仮の鋼製カバーを取り付け保安する。	元請業者	専門工事業者の安全対策計画のチェック。	B
1014	床版下の排水 ・ワイル病（レプトスピラ黄疸）	S&G Designer 17.03.00	人の衛生、切断や切傷の危険箇所にはすべてカバーを付ける。ハザードについて作業員に周知する。	元請業者	専門工事業者の安全対策計画のチェック。	B
1015	地盤工事 ・地盤の崩壊あるいは浸水	S&G Designer 27.03.00	元請負業者から既存の地質調査結果、地下水情報を得る。さらに、現場内においてLambeth粘土の上部に砂層がある場合、建築に影響があるかないか不明確。砂層は地下水位のレベルまで帯水層あるいはドック水として水を蓄えており、あふれ出す恐れがある。	元請業者	入札情報に含め、専門工事業者と入札ミーティングで議論する。	B

（注）M&E 設計者：機械・電気設計者、S&G 設計者：構造・地盤設計者

(3) Ove Arup and Partners

このリスク管理表は、英国における大規模なブラウンフィールド（土壌汚染の存在や懸念から遊休地化した土地）の開発案件を対象として、一つのワークショップで編集されたものである。この開発計画は、一連のレジャー施設、集合住宅、道路インターチェンジならびに発電所で構成されていた。この現場には、再利用予定の既存建物がありその一部は文化財に指定されていた。さらに、隣接した所有地が存在していた。複雑な地質であるとともに、化学的汚染が予想されていた。ただし、このリスク管理表は、地盤関連事項のみを対処するためのものであった。

リスク管理表は、所有者に戦略的なアドバイスを与えるためのツールとして、管理請負業者を含むコンサルティング エンジニアによって作成された。

表 A.12 に示す例は、「リスク管理措置（RCM）に先立つ」評価の結果と、ワークショップに提案した管理措置を示している。この管理表の例は、期間、範囲または提案された管理措置に関して完全なものでない。これは、実際のプロジェクトのリスク管理表からハザードのリストを抜粋して示したものである。なお、完全な管理表には、RCM 後の評価のために以下の項目の欄が含まれる（ここでは示さない）。

- RCM 所有者
- RCM の後
  - ──厳しさ（主要なコスト、予定、安全の観点で）
  - ──コメント／行動および RCM のタイミング
  - ──活動主体

これらの欄は、提案された RCM の有効性を示すともに残余リスクの所有者を示すために使用され、異なるシナリオを調査するため複数回実行されるであろう。

表 **A.12**　土地開発におけるリスク管理表の例（**ARUP**）

土地開発リスクマネジメント管理表－プロジェクト X

参考:　　日付:2000.5.17　　ステータス:報告

		RCMに先立つ評価							
			厳しさ			リスク			
リスクNo	ハザード	可能性	重大コスト	計画通り	安全	重大コスト	計画通り	安全	リスク管理措置(RCM)
1	建設中に遅延や障害を引き起こす可能性のある公共物	5	4	4		20	20	0	机上調査に取りかかる。すべての状態を特定し質問する。公共物の位置を調べる。迂回することへの同意を探る。必要に応じて迂回させる。仮設ルートを計画。迂回について(設計含む)の認可計画。公共物迂回による近隣構造物への影響評価(早期の技術相談が必要)。
78	現場を横断するトンネル計画に基づく再設計	5	4	4		20	20	0	法令上の権利やあらゆる安全対策を決定するため公共企業体と早期に接触。公共企業体の意向を汲み取る。現場横断ルートの代替案の検討。必要に応じて公共企業体の要求事項の組み込んだ設計。
79	第三者保有地によるレイアウトの制約	5	4	4		20	20	0	法令上の権利やあらゆる安全対策を決定するため公共企業体と早期に接触。必要に応じて公共企業体の要求事項を組み込んだ設計。
84	提案されている開発計画を達成する上での難点／作業方針	5	4	4		20	20	0	リスクの特定と管理。すべての活動やプログラムの特定。非現実的なプログラムの回避。計画策定および施工までの設計プロセスを通して工期を遵守する。予期せぬ地層の見極め。最も起こりうる事象に関して定量的なリスク分析を実施。
8	新規計画の基礎や公共物の阻害となる既存建物の基礎	4	4	4		16	16	0	施工図の入手。直接的な調査による施工図の確認。試掘、コアリングおよび探査を検討。予期せぬ障害物の特定と同様に存在の可能性を意識した設計解決策や施工方法。高リスク地区を避けるような路線計画。
9	建物敷地外既存基礎による新設基礎や公共物への障害	4	4	4		16	16	0	No.8 参照。
35	施工中に鉄道運行の混乱を引き起こすような近傍高架橋への損害	4	4	4		16	16	0	高架橋の安全対策のための本体設計と仮設工。地盤変位と振動を最小化する適切な施工技術の使用。進化した強化工事の検討。数時間以内で危険な工事を実施。工事中の変位や振動のモニタリングの実施。変位に対するトリガーと対応策のレベルを決定し、行動計画について高架橋オーナーとプロジェクトチームと合意。
50	地質学的不確実性に基づく新規基礎の施工および機能への影響	5	3	3		15	15	0	ボーリングや原位置試験を用いた現場調査により不確実な要素の範囲や深さを調査。物理探査では困難な可能性あり。
68	構造物の性能に影響する杭／浅い基礎の間の剛性の違い	5	3	3		15	15	0	基礎設計において剛性の違いはさほど重要ではない。挙動をより正確に予測するために、既設基礎や地盤の特性を調査。

(続く)

リスクNo	ハザード	RCMに先立つ評価							リスク管理措置（RCM）
		可能性	厳しさ			リスク			
			重大コスト	計画通り	安全	重大コスト	計画通り	安全	
5	トンネルや立坑による建物の内部および外部の障害	4	3	4		12	16	0	机上調査。図面と記録の取得。トンネル内の現場での調査（可能であれば）で確認。既設トンネル内の運行サービス変更の可能性。
37	近隣の高架橋に関する未知/不十分な条件が近接構造物の施工法/配置に与える影響	4	3	4		12	16	0	構造の施工図の入手。詳細な調査の実施。基礎の調査（試掘やボーリング等）の実施。高架橋の所有者への注意喚起の通知の必要性。潜在的な影響を最小化する工法を選定。高架橋の所有者と合意を得るために、何らかの補強対策の実施。
67	施工後の不同沈下による被害	4	3	4		12	16	0	No. 68 を参照。
14	公共企業体/近隣住民の仮設工事の承認に時間をかけることによる工程遅延	4	3	3		12	12	0	公共企業体/近隣住民と早期の接触を図る。定期的な工程会議の検討。誰が早期に話すのにふさわしい人かを識別。長い工期において非常に早い段階で保有すべきものを認識。
16	既存基礎の再利用による配置計画の拘束	4	3	3		12	12	0	建築家と構造技術者との定期的な情報交換。
18	既存基礎の耐力／性能不足による再利用の妨げ	4	3	3		12	12	0	基礎材料のサンプリングおよび試験（例えば、コアリング）。独立基礎の載荷試験の検討。設計における冗長性や堅牢性の採用。
25	遺産承認のための構造物のリスト化作業による計画の遅延	4	3	3		12	12	0	遺産局と他の利害関係者との早めの情報交換。進捗状況の報告と信頼関係を維持するための定期的な会議。承認プロセスのためのプログラムの確立。
52	新規基礎の支持力を減少させる地質学的な特徴	4	3	3		12	12	0	地質学的特徴を考慮し低減させた支持力の設計。支持力を増加させるための不明確な土の使用の回避。適切なボーリングや孔内試験および土質試験による土の特徴や特性の把握。
53	地中壁や基礎に対する地質的特徴の不確実性の悪影響	4	3	3		12	12	0	土の特徴を考慮し支持力を低減させた設計。支持力を増加させる箇所の影響を考慮することの回避。適切なボーリングや孔内試験および土質試験による土の特徴や特性の把握。地中壁を影響範囲より下まで設置。影響範囲が予想以上に深刻であれば行動計画の策定。No.50 参照。
54	地質的特徴を踏まえた基礎の挙動および施工性の不確実性	4	3	3		12	12	0	影響する可能性のある範囲での試掘ボーリング。杭の支持力確認のための載荷試験。 杭施工における補助工のできる限りの採用（例えば、ベントナイト、ケーシングなど）。
59	地下水制御戦略の失敗による施工遅延	4	3	3		12	12	0	地下水制御および基礎施工のための現場全体の戦略の確立。長期の地下水対策として現場内のコントロールの要件を減らすために遮水壁の活用の検討。
70	提案構造の既設基礎の配置／支持力への不適合	5	2	2		10	10	0	設計段階における建物の配置のドリフトの回避。基礎が期待された場所に設置できない場合は、基礎の代替戦略を検討。可能な方向を調査。
88	アクセス制限や作業スペースによる建物内の杭打ちにおける制約	5	2	2		10	10	0	杭打ち施工開始前のアクセスや作業スペースの評価。既設の梁の一時的な除去あるいは移設の可能性。必要に応じて、適切な低空間用設備の使用。

（続く：表 A.12）

リスクNo	ハザード	RCMに先立つ評価							リスク管理措置（RCM）
		可能性	厳しさ			リスク			
			重大コスト	計画通り	安全	重大コスト	計画通り	安全	
11	非使用トンネルの崩壊リスク／基礎への障害	3	3	3		9	9	0	机上検討。古いトンネルの位置特定。必要な箇所の破壊あるいは充填。事前の条件整理。可能であれば事前に水浸入防止。
12	作業を遅らせるサービス転換のための長い導入時間-すべての公共物	3	3	3		9	9	0	転換やアップグレードが必要な公共物を特定する。STATS を用いた早期のコンタクト。設計や契約のためのリードタイムの決定。転換における季節的な制約のチェック。
26	仮設工/新規基礎などによる建物内の動き、建物構造の損傷。	3	3	3		9	9	0	適切な施工方法の適用。必要により支保工。事前に詳細解析の実施。施工中のモニタリング管理。支保工対策を設計するために、事前に構造条件の調査の実施。許容できる仮設工と復元方法について遺産局と検討。
51	新規工事において既設基礎を再利用する際の、支持力に影響を及ぼす地質学的特徴の存在	3	3	3		9	9	0	地質的特徴を考慮して基礎の位置を特定し、支持力および沈下挙動を評価する。既設基礎の再利用を行う場合の余裕を持った設計。
55	地層内の透水性材料に起因した予期せぬ湧水	3	3	3		9	9	0	透水層の範囲の同定。地質的特徴を考慮した仮設／本体工事の設計。予測より過大な場合の応急対策の適用。
62	ウェルポイントによる地下水低下工法適用時の既設基礎の沈下障害	3	3	3		9	9	0	注意深い設計と現場試験による地下水低下範囲の限定。現場周辺の締切りによる影響範囲の限定。必要に応じて地下水低下中の沈下影響のモニタリングと管理。
71	深い基礎の再配置や現場での再ゾーニングの遅れによる仮設工事計画や地盤変位対策戦略への甚大な影響	3	3	3		9	9	0	基礎の位置の早期の決定。設計チームは基礎のレイアウト変更の遅れがどのような影響を及ぼすかに配慮。
41	現場作業の開始へ影響を与える地方自治体の周辺道路への改善要求	3	3	2		9	6	0	地方自治体との相談。計画の要求事項のチェック。
83	地下室工事と維持管理の品質の選択／発注者の期待に合わない将来の汲み上げ	3	3	2		9	6	0	地下室の耐水性に関する異なる品質のオプション/コストを発注者に通知。施工法の選択への配慮。
82	開発の進行に伴う再設計の遅れによる工程遅延	4	2	4		8	16	0	No. 71 を参照。
13	現場周囲のトンネル工事中の障害物発見による遅延	4	2	2		8	8	0	机上調査。試掘と探査による障害物の位置の特定。境界壁、高架橋および供給施設との関係の決定。

（続く：表 A.12）

		RCMに先立つ評価							
リスクNo	ハザード	可能性	厳しさ			リスク			リスク管理措置（RCM）
			重大コスト	計画通り	安全	重大コスト	計画通り	安全	
38	高架橋近傍の位置のため適用できる施工技術の制限	4	2	2		8	8	0	高架橋所有者との早期の情報交換。No 35、37、14 も参照のこと。
57	下位の帯水層の汚染問題（杭打ち、地下室建設）に関連して環境局の応答/認可による遅延	4	2	2		8	8	0	環境局との対策工に関する早期の情報交換。
39	周辺道路 － 長引く地方自治体から承認に要する時間	3	2	4		6	12	0	地方自治体との情報交換。リードタイムを考慮した計画。No.41 も参照のこと。
81	基礎工事を可能にする装置の適用性の欠如	3	2	4		6	12	0	入札や施工に十分な時間をかける。調達プロセスの早い段階で請負業者の承認を伴う情報交換。一つだけの技術や装置を信頼することを避ける。
24	考古学的発見−承認に要する長い時間と対策戦略の実行のための時間	3	2	3		6	9	0	地方自治体、遺産局およびその他関連団体との早期の情報交換。掘削中の短期の考古学的調査。考古学的対策の戦略は遭遇した状態の遺跡を要求される。
65	地盤の予想外に高い透水性による大規模な地下水流入	3	2	3		6	9	0	現場の透水性に関する不確実性を減少させるための現場調査。現場での地下水汲み上げシステムにおいて不確実性を許容するような余裕のある設計の認可。
74	山留めのグランドアンカーを挿入するため通行許可に対する認可保留	3	2	3		6	9	0	アンカーが必要な山留め構造物の場所を特定し、そこまで通行する土地の所有者を調査。同意に必要な作業手順と時間の決定。支保工など代替法を検討。
3	公益事業体に隣接した開発の承認を発行する際に事業体による遅延	2	3	3		6	6	0	事業体との早期の情報交換。申請と承認の認可計画。
6	ポンプシステムの破壊または地下水の突然の流入（現在ポンプで汲み上げられている地下室）による建物の浸水	3	2	2		6	6	0	現状の流入の場所と量を特定。流入の遮断措置。局所的あるいは現場を横断して排水。流入に対処できる十分な能力の水溜とポンプを提供。
21	水際開発にあたっての許可に要する長い時間	3	2	2		6	6	0	環境局/PLA との早期の情報交換に着手。提案と承認に関する計画の合意。開発と配置の効果を評価するのに、物理モデルが必要かどうかを決定。
32	工事中の汚染ホットスポットによる土工や現場除去の遅れ	3	2	2		6	6	0	地歴の見直しにより汚染範囲を決定し、地盤調査を実施。予期しない汚染物質に対処するため、現場材料試験や緊急時対応計画の手順を確立。
40	開発による既設高速道路への損害	3	2	2		6	6	0	地方自治体との早期の情報交換。提案と承認に関する計画の合意。地方自治体と許容変位の限界値の合意。 地盤変位の影響を判断し、損傷を避けるために応急的/恒久的な工事の範囲を計画。

（続く：表 A.12）

リスクNo	ハザード	RCMに先立つ評価							リスク管理措置（RCM）
		可能性	厳しさ			リスク			
			重大コスト	計画通り	安全	重大コスト	計画通り	安全	
46	現場の地下水低下に基づく周辺地下水位の低下による周囲の住宅開発への損害	3	2	2		6	6	0	現場周辺を遮断する。現場の外側の地下水位をモニターし、地下水低下量を適宜コントロール。構造物周辺の排水に伴う地盤沈下への影響度合いを評価。
47	掘削による既設構造物への損害	3	2	2		6	6	0	構造物と地盤変位の脆弱個所との位置関係を正確に判断。施工中の損傷を避けるため仮設工事の設計を実施。
61	地下水低下工法による基礎や近隣施設への損害や影響	3	2	2		6	6	0	No. 46 を参照。
63	地下水低下工法の使用による近隣施設への影響	3	2	2		6	6	0	No. 46 を参照。
66	地下水処理の制約条件	2	3	3		6	6	0	排水時の水量を推定。地下水処分に関して環境局と早期の議論。処理する前に排水をクリーンアップするための戦略を策定（汚染の知識が必要）。元に戻す水処理法（リチャージ）を調査すること。
85	現場掘削に起因した地盤変位による建物の損害	3	2	2		6	6	0	適切な施工法を適用。施工中の変位や振動のモニタリングを実施。変位に対するトリガーとアクションのレベルを決定し、プロジェクト チームや関係者と計画を合意。
29	過剰な汚染材料の除去	2	3	2		6	4	0	掘削前に汚染物の性質と範囲を決定するための机上調査と現場調査を実施。汚染物質を特定し、それを現場に現場で処置できるか運び出す必要があるかを決定する手順を確立。
72	プロの反対者による計画の遅延	2	2	4		4	8	0	地域住民や利害関係者団体に初期の段階から開発提案に関する情報提供を継続。住民との定期的なミーティングを維持。活動グループを特定し適宜連絡。
45	リスト化した構造物の使用に対する承認のための計画の遅延	2	2	3		4	6	0	初期段階からの開発計画に関する遺産局および地方自治体との連携。
4	公共物の位置による設計上の障害	2	2	2		4	4	0	公共物（ガス・水道等）の正確な位置を識別し、できるだけ早い機会に公益事業者と近傍開発上の対策で合意。公共物近傍における重量基礎は避ける。
10	既存構造物の竣工図面が利用できないことによる設計の遅れ	2	2	2		4	4	0	保有者を特定し竣工図を入手。例えば基礎の場所をそのままとする場合、既存構造物の正確な位置に影響されにくいようにする必要あり。

（続く：表 A.12）

		RCMに先立つ評価							
リスクNo	ハザード	可能性	厳しさ			リスク			リスク管理措置（RCM）
			重大コスト	計画通り	安全	重大コスト	計画通り	安全	
27	地下水汚染 −近傍の土地に影響を与えるか、または現場施工を妨げる浸出水	2	2	2		4	4	0	掘削前に汚染された地下水の性質と範囲を決定するために机上調査と現場調査を実施。汚染された地下水を特定し、現場処理を行うかタンカーで運び出す手順を確立。
28	発注者/開発者による汚染対応戦略の最新の決定に基づく設計変更	2	2	2		4	4	0	開発終了時に現場全体あるいは一括扱いとして残留汚染物質に関する現場の品質に対して、発注者/環境局/地方自治体との協議における明確なガイドラインを確立。現場のさまざまな分野での最終利用を決定する必要あり。汚染物質の許容レベルを決定するリスクに基づく技術を検討。
31	環境関連の法律の変化ー背景、インパクト、準備時間の不確実性	2	2	2		4	4	0	今後の法制定および現場工事の潜在的な影響、将来の汚染に関する現場分類を調査。
58	掘削に起因した盤膨れによる近傍の土地の損害	2	2	2		4	4	0	地盤変位の評価を行い、隣接地へ起こりうる影響を決定。必要に応じて状況調査を実施。Party Wall Act（境界線に関する法律）に基づくアドバイスチームに助言。
87	開発の占有者に影響を及ぼす、人工地盤、沖積層および泥炭層内の有害ガス	2	2	1		4	2	0	有害ガスの濃度を把握するため現地調査を実施。そのレベルがガイドラインの値より大きい場合、対策戦略を設計に組み入れ。
15	計画の残りに影響する一時的な電力供給施設の再配置や建設の遅延	1	3	5		3	5	0	供給施設の再配置における重要な活動を特定。現場の取り片付けおよび建設活動に優先順位を与えられていることを確認。低需要の期間に対する停電および接続の予定表。
2	開発に影響する未知の公共物のリスク	1	3	3		3	3	0	No. 4を参照。
86	悪い路床材料に起因した新設道路の損害	3	1	1		3	3	0	表層材料の範囲と深さを決定するための現地調査。現場条件に対して適切な準備をするための設計。
75	現場の洪水	1	2	3		2	3	0	既設の洪水対策が維持管理されていることの確認。水道幹線の破裂あるいは集中豪雨において現場でのポンプの提供や現場外での利用可能な保管。
7	地中構造物 − 場所や性質が地中壁の施工に影響	1	2	2		2	2	0	それらを避けるかあるいは慎重に破壊するために、位置や構造を決定し、本体/応急工事の設計を実施。

（続く：表 A.12）

リスクNo	ハザード	RCMに先立つ評価							リスク管理措置(RCM)
		可能性	厳しさ			リスク			
			重大コスト	計画通り	安全	重大コスト	計画通り	安全	
34	施工中に戦時中の不発弾の発見による遅延/損傷	2	1	1		2	2	0	戦時中の記録から存在している不発弾(UXBs)の可能性を決定。直接/間接的な手法により調査。識別し、土工/杭打ちの施工中に不発弾を発見し無害化する手順を構築。トンネルや他の敏感な地下構造物における爆発の潜在的な影響を判断。
64	不明な地下水の流向や川の流れが土工へ与える影響	2	1	1		2	2	0	既往データや現場測定結果に基づき現場の水理地質学的検討を実施。提案された現場地下水対策が地域の地下水挙動にどのように影響するかを検討。
36	公益事業体から仮設／本体工事の認可を得るのに必要な過大な時間による遅延								No. 14 を参照。
48	地盤変位のモニタリング体制に対する承認								モニタリングの必要性について承認を得るために、隣接用地所有者やその代表者と情報交換。
49	地盤変位に起因した近接構造物の損傷								No. 58 を参照。
73	敷地外へ延長打設するグランドアンカーの使用を承認する第三者機関の拒絶								敷地外への仮設グランドアンカーの使用に関して、隣接者ならびに特に地方自治体と早期の交渉を実施。事例を調べること。許可が拒否された場合の代替方法を設定。

ねじりせん断試験機

付録B

リスク・ソフトウェア

離島に架ける橋

B-1　はじめに

リスクマネジメントチームにとってソフトウェアツールは将来ますます重要になると考えられる。ところが、現時点では、リスクマネジメント・ソフトウェアが建設業界で広く使用されているという実例はほとんどない。

本書執筆時点において、特にジオリスクマネジメントを目的としたソフトウェア・パッケージは存在しないようである。しかしながら、一般的なリスクマネジメントに適用できるパッケージは数多くあり、また急速に成長している。この付録は、本プロジェクトの運営グループに関連した代表的な機関を対象に実施された調査結果に基づき、本プロジェクトの一環として1998年に検証された結果をまとめたものである。ただし、調査はその時点においてより最新かつ限定的なものである。

B-2　1998年調査結果

インターネットのウェブサイト、パンフレット、電子メールでの対応ならびにアンケートによる回答者のコメントから、さまざまなソフトウェアの提供会社とその製品に関する情報が得られた。そして、Project Management Special Interest Group on Risk Management 協会による The Project Risk Management Software Directory[46]（プロジェクトのリスクマンジメント・ソフトウェア一覧）、および Construction Industry Computing Association（建設業界計算協会）のソフトウェア一覧[47]は、製品や提供会社について定期的に更新された情報を与えてくれる。

このような情報に基づき、1998年に31の提供会社が抽出され、ソフトウェアは以下のカテゴリに分類することができた。

- リスクの特定とマネジメント
- リスク評価ソフトウェア
- 意思決定ソフトウェア
- データマネジメントシステム

本調査で取り上げたソフトウェアの概要を表B.1に示す。

表 **B.1**　リスクマネジメントのためのソフトウェアのまとめ（**1998** 年調査結果）

提供会社	ソフトウェア	アプリケーション	地盤工学における適用性
Palisade software	@RISK	意思決定プロセスおよび特殊リスク評価における広範なアプリケーションを有する汎用ソフト	YES（リスク評価）
	Precision Tree		
	TopRank		
	BestFity		
	RISKview		
MBRM	Add-in tool-kits	キャッシュフロー、投資、あるいは関連デリバティブの現在価値を分析	Yes（ただし、キャッシュフローが考慮される場合のみ）
Decisioneering software	Analytica	Analytica は、モデリングのためのグラフィックツール	Yes（リスク評価）
	Crystal Ball	Crystal Ball は、リスク評価のための一般的な目的のスプレッドシート・アドイン・ツール	
JBF Associates	DECIDE	意思決定プロセスを目的とした異なるソフト	Yes（リスク評価）
	BRAVO	DECIDE は相互の選択が容易	UK 国内における適用性やサポートは問題がありそう。
	RMPlanner		
DACI	Design Master	解の範囲の確率分布を取得することにより、方程式を解くための設計ツール	Yes（ただし、式の解を与えるのみのため理想的ではない）
Eastern Software Publishing	DPL	ディシジョン・ツリーと影響図に基づいて汎用目的のグラフィカルなモデリング・ツール	Yes（リスク評価）
TerraMar Information Systems	DynRisk	汎用目的のグラフィカルなモデリング・ツール	Yes（リスク評価）
Figtree International	Figtree RMIS	リスク評価に使用できる管理データベース	可能性あり（地盤情報が適切に入力できる場合）
Futura International	Futura	リヒテンベルク法に基づく構造化支援リスク解析ソフト。リスク評価の統合アプローチを提供する	Yes（リスク評価）
Welcom Software Technology	OpenPlan Desktop	モンテカルロ・シミュレーションの機能を搭載したプロジェクト管理ソフト	Yes（リスク評価）
	OpenPtan Professional		
Computerline	PLANTRAC-MARSHAL for PLANTRAC-OUTLOOK	PLANTRAC-MARSHAL のモンテカルロ・シミュレーション機能を提供するプロジェクト管理ソフト	Yes（リスク評価）
Katmar Software	PRA	プロジェクトのキャピタル・コストの評価	Yes（危機対応予算の計算）

（続く：表 B.1）

提供会社	ソフトウェア	アプリケーション	地盤工学における適用性
Risk Decisions	Predict! Risk Analyser	質的および量的なリスク分析とプロジェクト管理ソフトウェアで作成されたプロジェクトのスケジュールの管理	Yes（リスク評価）
	Predict!Risk Controller		
Phmavera Systems	Primavera Project Planner 2.0	リスク評価の関数オプションを有するプロジェクト計画ソフト	Yes（リスク評価）
	Monte Carlo 3.0 for Primavera		
Engineering Management Servies	PROAct	データベース指向の意思決定支援ツールで、リスクの定性的および定量的な評価が可能	Yes（リスク評価）
ABT Corporation	Project Risk	IT システム開発プロジェクトに特化、知識データベースを含むリスクマネジメント・プロセスを容易にするツール	可能性低い（知識 DB が必要）
PCF	QEI Exec	構造化されたデータモデルを使用して、コストおよびスケジュールを制御するためのプロジェクト管理ツール	Yes（リスク特定）
Jerry FitzGerald & Associates	RANK-IT	デルファイチームと結合したリスクランキング	Yes（リスク評価）
Dependency, Risk & Decision Support	RAT	不確実性を考慮し、意思決定の向上ための汎用のモデリング・ツール	Yes（リスク評価）
HVR Consulting Services Limited	REMIS	リスクの特定、評価とマネジメントのための汎用データベース・アプリケーション	Yes（リスク評価）
Centre of Defence Analysis (DERA)	Ris^3	一般目的のリスクマネジメント（定性的な評価）	Yes（リスク評価とマネジメント）
Van Hall Institute	Rise-Human	土壌汚染による人への暴露量を決定するソフト	Yes（ただし、リスク評価プロセスは補助的）
COBRA software	Risk Consultant	組織のセキュリティ・システムの脆弱性	No
CARMA	Risk Tools	プロジェクト・サイクル全体におけるリスクマネジメントに対する汎用リスク管理ソフトウェアシステム	Yes（リスクマネジメント）
CSK software	Risk-in-Time	財政部門に特化したリスクマネジメント	No
Eastern Software Publishing	RISK+	評価される不確実性の影響を許可する Microsoft Project のアドイン・ソフト	Yes（リスク評価）
Eastern Software Publishing	RiskMaster	リスク管理の定量的および定性的な面を評価するためのグラフィカルなリスク分析ツール	Yes（リスク評価）

（続く：表 B.1）

提供会社	ソフトウェア	アプリケーション	地盤工学における適用性
RiskWatch Software	RiskWatch	組織のセキュリティ・システムの脆弱性	No
Dyadem	RMP-Pro	リスクに関連した安全衛生の評価と管理のためのソフト	No
	PHA-Pro		
	RiskSafe 98		
Stradplan	STRAD	戦略的選択アプローチに基づいて意思決定を支援するためのソフト	Yes（リスク特定）
BMPCEO software	TRIMS	製造業におけるリスクマネジメント	可能性あり（知識ベースの適用がある場合）

（注）原著ではウェブサイトの URL が記載されているが、1998 年時点での古い情報であるため割愛した。情報を検索する際には、提供会社名あるいはソフトウェア名で検索して頂きたい。

(1) リスクの特定とマネジメント

このカテゴリは、プロジェクト・サイクル全体のリスクの特定と管理に焦点が当てられている。リスクの特定が主要である場合、ソフトウェアは特定の業界をターゲットとするのが通常であるが、一般的な目的で用いることもできる。ソフトウェアは、通常、リスクの特定に使用することができるデータベースを中心に開発されている。またこれらのソフトウェアは、定性的リスク評価（評価システム）を提供しているが、通常、定量的評価（シミュレーションによる計算）も実行することができる。したがって、リスクマネジメント・プロセスのすべての要素、すなわちリスクの特定、リスクの分類、ならびにプロジェクト全体のリスクマネジメントとモニタリングが含まれる。この種類のソフトウェアの例として、TRIMS、Ris^3、PROAct、Project Risk、Risk Tools 、そして REMIS がある。ただし、これらのソフトウェア・パッケージの一部はジオリスクマネジメントに適さないといわれている。

(2) リスク評価ソフトウェア

二番目のカテゴリには、ある結果の確率の評価や特定モデルに対する確率計算を行うことができる汎用ソフトウェアが含まれる。このタイプのソフトウェアには、さまざまな形式がある。すなわち、

- スプレッドシートまたはプロジェクトマネジメント・ソフトウェアアプリケーションで作成されたモデルをインポートし、このモデルを用いたシミュレーションを実行できるソフトウェア。このタイプのソフトウェアの例としては、Predict! Risk Analyser、PRA、ならびにRiskMasterがある。
- モデルを記述するために使用されているアプリケーション（Excelまたは Microsoft Projectなど）に確率論的評価機能をもたせるように設計されたアドインソフトウェアパッケージ。このタイプのソフトウェアの例としては、Crystal Ball、@RISKの表計算アドインソフトウェア、@RISK、PLANTRAC MARSHAL、RISK＋、ならびにMonte Carlo for P3のプロジェクトマネジメント・アドインソフトウェアが含まれる。

これらのタイプのソフトウェアは、モデルやプロジェクトのスケジュールにおける不確実性を評価するのに有効であり、一般に、モンテカルロ・シミュレーション技術を使用している。ただし、モデルにおける要素や機能のいずれかに明確に関連していない不確実性を考慮することは困難である。さらにいえば、このタイプのソフトウェアは、一般的に、リスクマネジメントツールとして最適ではない。リスクマネジメント・プロセスの一部として要求される期限付きの措置は、一般的にソフトウェアに含めることができない。

(3) 意思決定ソフトウェア

次のグループは、意思決定ソフトウェアとして分類されている。ただし、いくつかのソフトウェア・パッケージはリスクアセスメントに適しているため、この説明はある程度誤解を招くかもしれない。これらのソフトウェア・パッケージと上記で説明したリスク評価ソフトウェアの主な違いは、モデルがグラフィックで構築されていることである。これは、例えばスプレッドシートに比べより自由度がある。このソフトウェアには、以下に示すようにさまざまな形式がある。

- フォールトやイベントツリーに基づいているソフトウェア。この形式のソフトウェアには、Precision Tree、DPL と BRAVO が含まれる。
- 要素の記述にノード（結節点）を、また各種の要素間の関係の記述に矢印を用いてモデルをグラフィックに作成するソフトウェア。この形式のソフトウェアには、Analytica、RAT、ならびに DynRisk が含まれる。
- 意思決定のプロセスを促進することを目的とするソフトウェア。この種類のソフトウェアは、一般的に意思決定への特定のアプローチに基づいており、Futura、RANK-IT、ならびに STRAD がある。

以上のように、このカテゴリは本質的に意思決定のためのものであるが、不確実性／リスクを考慮することもできる。これは一般的な目的であるが、ジオリスクを評価するためにも使用することができる。

(4) データマネジメントシステム

最後のカテゴリは、データベースを中心に構築された大規模なシステムを含むもので、データ処理や基本的に管理作業の自動化を目的として設計されている。これらのシステムは、一般的な目的のみならず特定の業界も対象としている。特定の機関に大規模なデータベースが適用できるのであれば、将来のリスクアセスメントにこれらのデータを使用することが可能であろう。これらのシステムは高価であり、一般に、ジオリスクマネジメントに理想的に適しているとは言えない。これらのタイプのソフトウェアの例としては、Risk-in-Time、Figtree RMIS がある。企業のシステムのセキュリティの評価のためのシステム、例えば Risk Consultant および RiskWatch もこのカテゴリに入るであろう。

(5) ユーザー調査結果

ソフトウェアの調査に加え、ジオリスクを管理するための IT およびソフトウェアの使用に関する調査をアンケートにより実施した。4 ページのアンケートを作成し、英国環境・運輸・地域省（DETR）の承認を得た。アンケートには、英国土木学会（ICE）の署名がなされたカバーレターが添えられた。

調査をはかどらせるために、アンケートの配布に際して次の方法を適用した。企業のリストは、「請負業者ファイル 1998（NCE)」と「ジオテクニカル・サービス・ファイル 1998（地盤工学)」を用いて準備し、BGS（1996 年／ 1997 年）登録も参照した。対象企業は、次のカテゴリに大別される。

- 環境コンサルタント
- 地盤工学コンサルタント
- 学際的コンサルタント
- 一般請負業者
- 地盤工学請負業者
- 現場調査請負業者

合計 250 件のアンケート用紙が配布され、70 件が返送された（回答率 28%)。アンケートを均等に配布しようとしたが、環境コンサルタントと現場調査請負業者が他のカテゴリより少なかった（図 B.1)。残念ながら、これら 2 つのカテゴリに回答した企業はほとんどなく、そのため、調査結果はこれら二つのグループを代表していない（図 B.2 および図 B.3)。

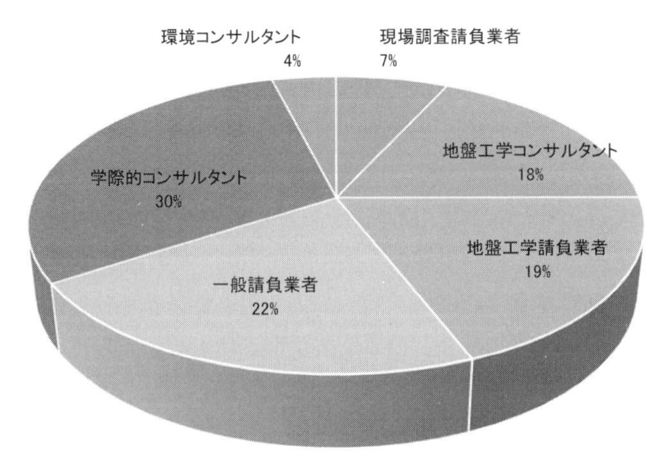

図 **B.1**　アンケート配布先の内訳（機関別）

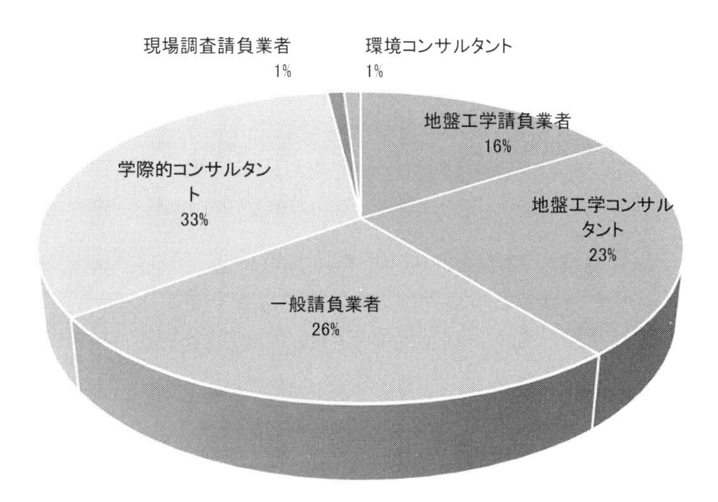

図 **B.2**　アンケート回答先の内訳（機関別）

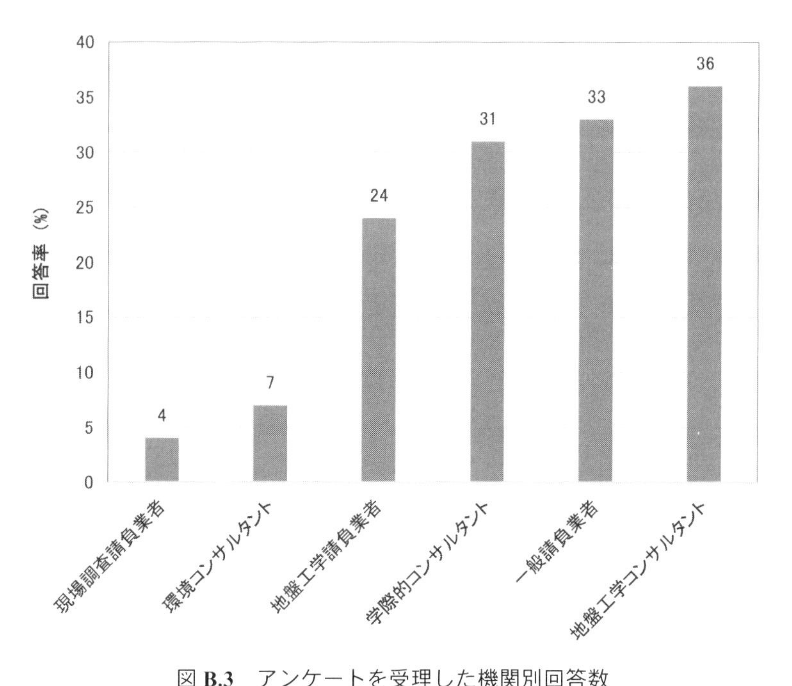

図 **B.3**　アンケートを受理した機関別回答数

リスクマネジメントの重要性は、リスクマネジメントが事前計画の一部を形成すべきであるという回答の割合が非常に高い（86%）ことから分かる。しかしながら、実際には、何らかの形でリスクマネジメントを行っているのはそのうち 70% に過ぎない。各種カテゴリの企業の中でリスクマネジメント手順の使用に関しては、地盤工学コンサルタントが 50% に過ぎないのに対して、他のカテゴリの企業の 70% あるいはそれ以上がリスクマネジメント手順を適用している。回答者には、彼らが採用したリスクマネジメント手続きの詳細を提供するよう要請が行われた。回答の多く（74%）は公式あるいは非公式のリスクマネジメント手順を使用している。一方、残りの少数（12%）の回答は個々の担当者によるリスクの特定やマネジメントに依存している。14% の回答によれば、採用されたリスクマネジメント手続きは安全衛生規則（CDM）に関連したものである。

リスクマネジメント手続きを使用する回答者の 30%（全回答企業の 20% に相当）は、これらの手続きの一部にソフトウェアを使用している。ソフトウェアを使用している企業のカテゴリの割合は図 B.4 に示す通りである。これによると、リスクマネジメントのためのソフトウェアが請負業者のなかでほぼ共通

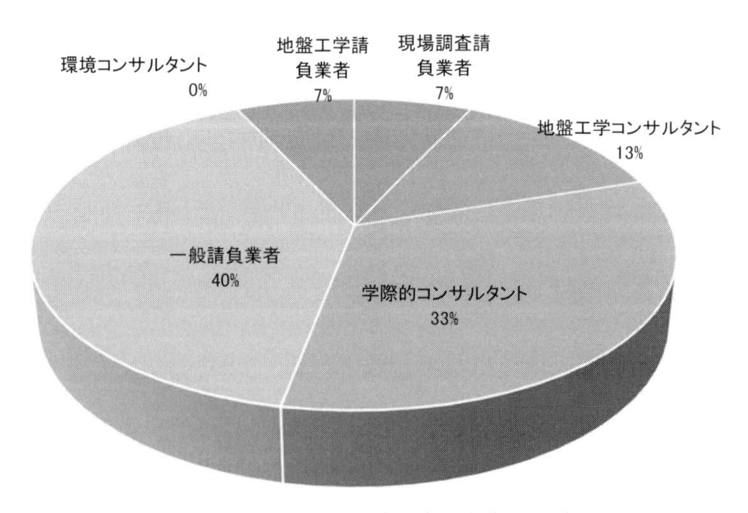

図 **B.4**　リスク・ソフトウェアを使用する企業カテゴリの割合

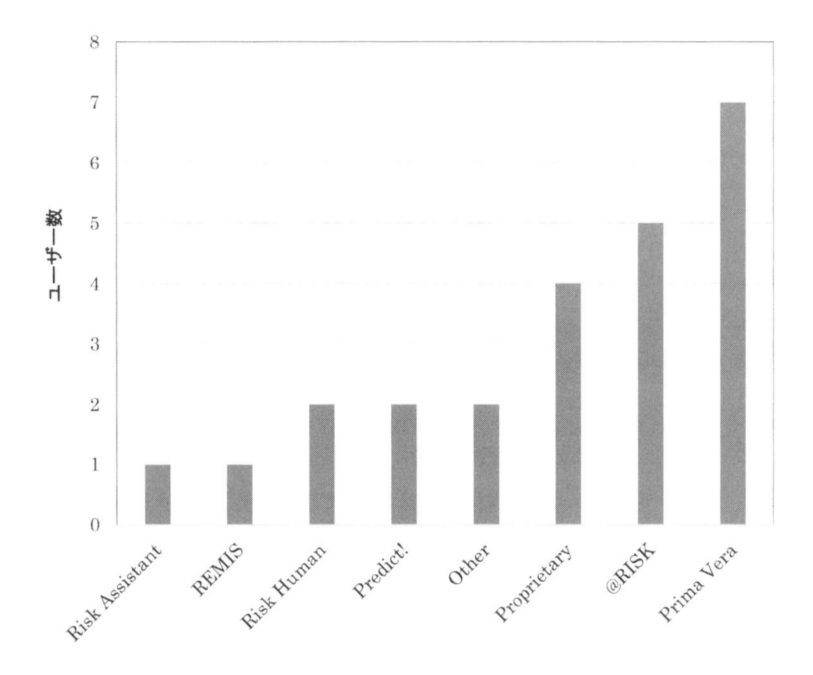

図 **B.5** 使用が報告されたリスク・ソフトウェア

して使用されていることが興味深い。ただし、これは大規模な組織に限定されているようである。なお、回答企業のうち2社については、リスクマネジメント・ソフトウェアを保有してないが稀に使用しており、そのためソフトウェアに関する質問に完全に回答できなかった。

採用されているソフトウェア・パッケージをまとめると図B.5に示す通りとなる。プロジェクト計画のための Primavera Systems 社のソフトウェアとそのアドイン・モンテカルロ・パッケージが最もよく採用されている。プロジェクト・サイクル中に使用されるリスクマネジメント・ソフトウェアは、図B.6にまとめた通りである。このようなソフトウェアは、プロジェクト評価において最も活用されているようである。

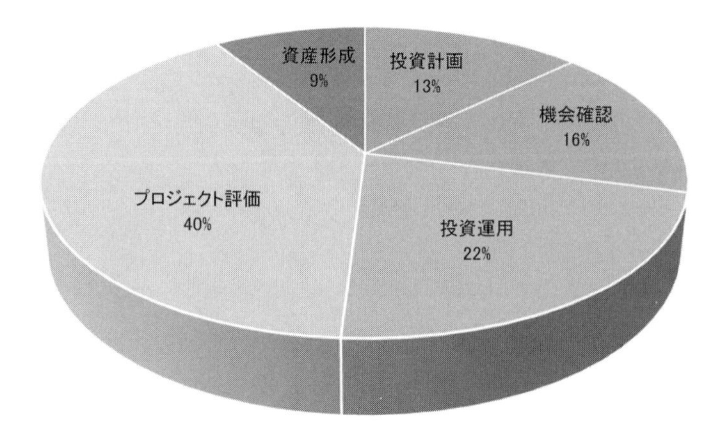

図 **B.6**　リスクマネジメント・ソフトウェアの使用

リスクマネジメントのためのソフトウェアを使用している回答者の 1/3 は、彼らがいくつかの重視する点で欠けたリスクマネジメント・ソフトウェアであることが分かった。また、4 社はリスクマネジメント・ソフトウェアの使用のために特別スタッフを採用し、それが経済的に実行可能と考えた。

(6) まとめ

プロジェクトのリスクマネジメントのために利用できるソフトウェアは、1998 年時点でかなりの数に上る。1998 年の調査においては、ジオリスクのために特別に開発されたものは認識されなかったが、それにもかかわらず有用であると考えられるいくつかのカテゴリがあった。

我々の調査において回答のほぼ 90% はリスクマネジメントが事前計画の一部に役立っていることを示しているが、そのうち 70% のみがリスクマネジメント手順の何らかの形式を採用しており、そして 30% のみがこの目的のためにソフトウェアを使用している。Primavera Systems のソフトウェアは最も一般的に使用されるようである。

企業カテゴリのうち地盤工学企業がリスクマネジメント手順やソフトウェアの使用が最も少ないようである。リスクマネジメントのためのソフトウェアを使用する企業の約60%が請負業者であり、一般にユーザーは大規模な請負業者やコンサルタントのようである。

リスクマネジメント・ソフトウェアを使用する回答者の1/3は、リスクマネジメントのソフトウェアは幾つかの重要な点に欠けたものであることを指摘した。

リスクマネジメント・ソフトウェアを使うために専用スタッフを採用する企業はごくわずかである。一方、リスクマネジメント・ソフトウェアを使用する大多数の企業は、それが組織の業績を達成するための中心的存在であると信じている。

B-3　最近の展開

リスクマネジメントのためのソフトウェアは、1998年以来成長し続けているようである。2000年版のProject Risk Management Software Directory[46]には、その機能、価格と製品供給者名および連絡先アドレスの簡単な説明と共に、40以上の各種製品が一覧表示されている。

それにもかかわらず、DETR（英国環境・運輸・地域省）／ICE（英国土木学会）のジオリスクマネジメント・プロジェクトの運営グループメンバーの最近の非公式の調査結果によると、比較的少数ではあるが自社内で専門リスク・ソフトウェアを使用していることが明らかになった。重要なことは、ソフトウェアの主要な用途はリスク管理表（付録A参照）の生成であり、この作成は一般にMS Excelを用いて実施されている。

このプロジェクトの進行中に、CIRIA建設リスクマンジメント・プロジェクトにおいて平行してソフトウェアの開発が行われてきた。以下がその報告[8]である。ソフトウェア[11]と関連報告[12]は2001年に利用可能になると期待されている。下記の説明は、CIRIA RiskCom Ver.1.2（2000年8月10日）のベータ版に基づいており、Windows 98の環境下でExcel 2000で試験されている。ソフトウェアは、Windows 95、98、NT4と互換性のあるExcel 97やExcel 2000のいずれかで動作する。そのソフトウェアはWindows Explorerにマウントされている。

RiskComは、リスク管理表を作り出す簡潔なExcelベースのツールである。ユーザーが多くのレベル（例えば、ビジネス全体、特定のプロジェクトおよびプロジェクト内の単一作業）のリスクの管理を支援することを意図している。それは、体系的なリスクマネジメントが比較的経験の浅い者でも実施できるフレームワークを提供しているが、定量的リスク分析を行うまでには至っていない。ただし、プロセスを通してユーザーをガイドするようなソフトウェアでの広範な支援があり、サンプルも与えられている。さらに、会社の好みを反映するようにソフトウェアを変更することも可能である。

評価プロセスは以下の5つのステップに分かれており、広くPRAMプロセスに従っている。

- 実施される評価が定義される。
- リスクが特定され、そしてプロジェクトの領域あるいはプロジェクトの作業に割り当てられる。
- 可能性と結果の面でリスク評価が行われ、各リスクが格付けされる。評価と格付けはどちらか低／中／高の等級か0～1のスケールを用いて生成される。
- リスクへの対応措置が決定され、併せてその概算コストが見積もられる。リスク保有者が決定され、管理措置が導入されたことが記録される。
- 報告書が作成される。これには、プロジェクト全体に対するリスクのトップ10（リスク格付けによる）、10件の最も差し迫ったリスク、どの保有者でも直面する10件の最も深刻なリスク、そして10件の最も差し迫った管理措置が含まれる。

結果のスプレッドシートは、他のチームメンバーに電子的に配布することができ、ExcelあるいはRiskComを用いて変更することが可能である。

付録C

ケースヒストリー

海上ボーリングの鋼製櫓

C-1　柔軟な対応が追加費用の管理にどう役立つのか

このケースヒストリーは、予期しない地盤状況をいかに克服するかという事例である。計画された工場の運用が差し迫っていたために、コンストラクション・マネジメントによるアプローチが採用され、コンストラクション・マネージャーが任命された。地質調査は行われていなかった。コンストラクション・マネージャーは、設計を対象としてローカルコンサルタントを入札と交渉を通して選定した。その後の現場調査において土質条件が良好でないことが判明した。従来の杭基礎を採用すると事業費用が25%増となり、発注者の予算を超過することになった。

設計はかなり進んだ段階であったが、コンストラクション・マネジメントによるアプローチを採用していたので、別の基礎による代替や施設の移動など他の解決策を詳細に検討することが可能であった。その結果、代替の基礎設計が採択され、プロジェクトは発注者の予算内で、計画より1ヶ月早く完了した。

C-2　トンネル事業におけるリスクマネジメント

トンネル掘削はリスクの高い建設工事である。このケースヒストリーは、下水輸送システムの一部としての延長約11km、直径3.6mのトンネルと15～25mの深さに設置した9本の立坑に関して、進歩的な発注者がジオリスクを管理するために体系的なマネジメントをいかに用いたかを示すものである。

事業中は、リスクマネジメントの形式的な手法が採用された。ジオリスクは、概念的な解決策を進展させるうえで重要な要因であった。リスクマネジメントの手順では、リスクワークショップを開催し、ブレーンストーミングのセッションを通じてリスクが特定された。リスクはリスク管理表に登録され、すべてのリスクが定性的および定量的な方法により評価された。リスクに重要度が割り当てられ、それが発生する時期も含めリスク管理表に記載された。

この情報に基づき、リスクが発注者あるいは請負業者のいずれか、場合によってはそれぞれに分担された。請負業者が所有するリスクは、目標とする費用に含まれていた。また、発注者が保有するリスクには、リスクに対する予算が用意されていた。この契約方式は、事業の最大費用は固定されない。そのため、

複雑な地質におけるトンネル工事現場
米国デビルスライドトンネル.

発注者は目標とする費用とリスクに対する予算の合計より高いコストを支払うことになりそうなので保険をかけることを決めた。

リスクに対する予算におけるリスクの重要度は基本的に毎月再評価され、四半期ごとにリスクが発現しなかった場合の費用がリスクに対する予算から差し引かれた。これにより、発注者はリスクが終結したとき、その差額を他の事業に割り当てることができた。

C-3　都心地区の現場における予期せぬ地盤条件

既存の建物の解体と新しい地上8階地下2階の鉄骨オフィスビルの建設において、いくつかの大きな課題が生じた。新たに地階を追加するために、厚さ3.5mまでの床版を取り除く必要が生じた。

事前計画段階で、ブレーンストーミングのセッションや主要工事の設計者や同業の請負業者との打合せに基づきリスクの特定が行われた。リスクの影響は定性的に、また可能であれば設計のために評価された。

計画や設計時に注意していたにもかかわらず、以下のような予期せぬ地盤状況が生じた。

- ロンドン粘土層の出現標高の誤差が平均して約1m未満と予想されたが、実際には異なり杭打ち時に用いるケーシングがより多く必要となった。

- 一部の区域で人工障害物（建物の瓦礫）が杭の設置を行ううえで問題となった。これに伴う必要な追加工事は、通常の勤務時間外に行われた。
- 現地調査に相当な努力がなされたにもかかわらず、考古学的遺跡が発見された。

C-4　ジオリスクを請負業者に移転する

このケースヒストリーは、大規模で潜在的にリスクの高い事業において、計画時の地盤状況に関するより多くの情報を得ることの重要性を示している。

三つの新しい並列型ガスタービンのリパワリング・ユニット建設が、現存する発電所の南側近傍に計画され、既存の敷地の拡張も課題となった。新しい施設の建設のための敷地は地表面下約10～15mに位置しており、約350,000 m^3の土が掘削され発電所周辺の用地に盛土された。

当初6社の入札が行われ、選定後3社について交渉が開始された。現存する発電所の建設時に地盤状況に関するクレームがあったため、発注者は請負業者にジオリスクを移転したかった。しかし、3社とも入札時の情報（当初の建設時における現場調査の結果）に基づくジオリスクを受け入れることはなかった。請負業者にジオリスクを移転することは発注者の優先事項であったこと、そして計画の実施をより時間短縮したいことから、発注者はさらに詳細な地質調査を実施することを決断した。発注者はこの目的のための地盤工学コンサルタントを任命し、請負業者3社に対して地盤に関するリスクを受け入れる前に、現地調査の提案書を提出するよう要求した。受注した請負業者はその後、地盤に関するリスクと元々の価格から現地調査の費用を差し引いた価格で受け入れた。

訳者
一般社団法人 全国地質調査業協会連合会
〒 101-0047
東京都千代田区内神田 1-5-13 内神田 TK ビル 3F
電話：03-3518-8873　FAX：03-3518-8876
https://www.zenchiren.or.jp/

カバーおよび本文の写真提供：
小笠原正継（本文 p.107）
基礎地盤コンサルタンツ株式会社（その他）

書　名	**ジオリスクマネジメント** **――地質リスクマネジメントによる建設工事の生産性向上とコスト縮減――**
コード	ISBN978-4-7722-4196-0
発行日	2016（平成 28）年 12 月 8 日　初版第 1 刷発行
訳　者	一般社団法人 全国地質調査業協会連合会

発行者	株式会社 古今書院　　橋本寿資
印刷所	株式会社 理想社
製本所	株式会社 理想社
発行所	古今書院　〒 101-0062 東京都千代田区神田駿河台 2-10
TEL/FAX	03-3291-2757 / 03-3233-0303
振　替	00100-8-35340
ﾎｰﾑﾍﾟｰｼﾞ	http://www.kokon.co.jp/　検印省略・Printed in Japan

いろんな本をご覧ください
古今書院のホームページ

http://www.kokon.co.jp/

★ 700 点以上の**新刊・既刊書**の内容・目次を写真入りでくわしく紹介

★ 地球科学や GIS, 教育など**ジャンル別**のおすすめ本をリストアップ

★ **月刊『地理』** 最新号・バックナンバーの特集概要と目次を掲載

★ 書名・著者・目次・内容紹介などあらゆる語句に対応した**検索機能**

古 今 書 院

〒101-0062 東京都千代田区神田駿河台 2-10

TEL 03-3291-2757 FAX 03-3233-0303

☆メールでのご注文は order@kokon.co.jp へ